浙江省社科联社科普及课题成果（15ND20）

Gudai Zhongguo
Fushi Shishang 100 Li

古代中国服饰时尚100例

冯盈之　余赠振　◎编著

浙江大学出版社
ZHEJIANG UNIVERSITY PRESS

图书在版编目（CIP）数据

古代中国服饰时尚100例 / 冯盈之，余赠振编著. —
杭州 : 浙江大学出版社，2016.3（2019.5重印）
ISBN 978-7-308-15646-2

Ⅰ . ①古… Ⅱ . ①冯… ②余… Ⅲ . ①服饰文化—中
国—古代 Ⅳ . ①TS941.742.2

中国版本图书馆CIP数据核字(2016)第043169号

古代中国服饰时尚100例

冯盈之　余赠振　编著

责任编辑	朱　玲
责任校对	杨利军　田程雨
封面设计	春天书装
出版发行	浙江大学出版社
	（杭州市天目山路148号　邮政编码　310007）
	（网址：http://www.zjupress.com）
排　　版	杭州林智广告有限公司
印　　刷	浙江印刷集团有限公司
开　　本	710mm×1000mm　1/16
印　　张	7.5
字　　数	120千
版 印 次	2016年3月第1版　2019年5月第3次印刷
书　　号	ISBN 978-7-308-15646-2
定　　价	39.00元

前言

2015年浙江省"两会"上，把时尚产业列入七大产业之一；《浙江省时尚产业发展规划纲要（2014—2020年）》把"时尚服装服饰业"作为重点发展领域的领头羊。

关于时尚的概念，众说纷纭。我们以为，所谓时尚，是否可以理解为一个时代或一个时段由首创到流行的东西，应该具有开拓性的，极具个性化的。发展时尚产业，必须创造出具有国家或者区域文化内涵的时尚产品。

但当今谈到时尚，更多的是以所谓"洋气"为其特点，缺少民族个性或者甚至已没有自己文化的元素。

时尚是一个国家社会和文化的产物，更是一个时代的独特标记；只有对民族与传统的东西进行深入概括和提炼，才可能把握民族元素的精髓，设计并生产出既有民族与传统意味，又能体现时代精神的优秀时尚产品。法国国际时装学院一位学者，针对我国时尚业的情况，曾经说过："中国有很多独一无二的东西，这是中国人自己的财富，要取得国际市场的成功，最主要的还是走自己的发展之路。"

综观中国古代服饰史，每有创新；每一次创新，都是一次时尚运动。古代中国服饰，既有礼的规范，又有以个人乃至群体的审美价值取向出发，选择个性化的时尚，在服饰上有过不断的创新与追求，而且富有文化背景与意蕴。中国的古代服饰时尚有自己独特的魅力，曾经影响了周边的国家与地区。

所以，本书基本思路就是按时代顺序，以古代中国服饰流行时尚的基本元素为脉络加以讨论，包括面料、色彩、纹样、款式，以及发式、妆容、佩饰、随件等诸要素，列举100种古代服饰时尚现象，每一例大抵包括现象、成因与影响等三方面内容，简明扼要并尽量配相关图片解说。结构上，分为服装篇与妆饰篇两部分，分别安排60例和40例。

由此，希冀通过挖掘古代时尚来认识中国传统文化，进而推动传承与再生，不断地创新现代内容，不断地在时尚竞争中增加自信与文化的含量。

作　者
2015年冬月

目　录

服装篇

面料　色彩

纹样 款式

佩饰 随件

服装篇

面料 色彩
Mianliao Secai

轻若烟雾 "蝉翼纱"

蝉翼纱，纱的一种，质地轻软，因轻薄如蝉翼，故名"蝉翼纱"。

三国时期著名文学家曹丕，在《乐府诗》中就有这样的描写："绢绡白如雪，轻华比蝉翼。"

1972 年长沙马王堆一号汉墓中出土的一件素色纱衣，衣长 128 厘米，袖长 190 厘米，重 49 克。除去袖口、领口较厚重的边饰，衣服只有 25 克，折叠后不盈一握，甚至可以放入火柴盒中。

此素纱襌衣（襌，也写作襌，音 dān，是单衣的意思。经常被误写为"禅"）是世界上现存年代最早、保存最完整、制作工艺最精、最轻薄的一件衣服，属国宝级文物，它代表了西汉初养蚕、缫丝、织造工艺的最高水平。

国家文物局曾开展科研项目，复制这件总重 49 克的直裾素纱襌衣。受委托复制素纱襌衣的南京云锦研究所复制出来的第一件素纱襌衣的重量超过 80 克。后来，专家共同研究才找到答案，原来蚕宝宝比几千年前的要肥胖许多，吐出来的丝明显要粗、重，所以织成的衣物重量也就重多了。紧接着专家们着手研究一种特殊的食料喂养蚕，控制蚕宝宝的个头，再采用这些小巧苗条的蚕宝宝吐出的丝复制素纱襌衣，最终织成了一件 49.5 克的仿真素纱襌衣，这一研究竟耗费专家们 13 年的心血。

●素纱襌衣（湖南省博物馆藏）

名贵一时东汉越布

在汉代，较为流行的服饰面料是各类葛布。

葛的纤维比麻更细更长，一般情况下也比麻织品更细更薄。细的葛织品古代称"绨（chī）"，粗厚的称"绤（xì）"，比绨更细的称"绉（zhòu）"。由于会稽一带（今浙江绍兴一部分）的葛布品质优良，质地细腻、色泽洁白，又被称为"越葛""白越""细葛""香葛"，非常珍贵。左思的《吴都赋》当中就有描写。"越布"也因此格外受人喜爱。

《后汉书·陆闳（hóng）传》记载：东汉初年，有位名叫陆闳的吴人，人长得漂亮，爱穿越布单衣，光武帝刘秀见了，也十分喜好越布，并且"自是常敕会稽郡献越布"（自此以后，常令会稽郡献越布）。

这是"越布"成为朝廷贡品的最早记载。越布单衣也就成了光武帝的着装之一。

越布也因此成为宫室内外人见人爱的珍品，皇后也往往以此为礼物，赐给宫中贵人，以显示自己的地位，《后汉书·皇后纪》多有所载。

自从越布被列为东汉贡品后，声名鹊起。

所以有著作专门在"东汉纺织业"章节中对越布做了这样的论述：麻葛织品中最著名的是越布，也叫作越葛，是会稽一带的产品。刘秀称帝后，就把越布列为贡品。皇帝、皇后和贵族、官僚都喜爱越布，越布名贵一时。[1]

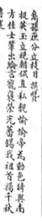

●陆闳像

●汉 纺织画像石拓片（1956年江苏徐州铜山县洪楼村出土）

---

① 张传玺.简明中国古代史.北京：北京大学出版社，2013.

烘云托月雨丝锦

蜀锦兴起于汉代，用途很广，行销全国。清代以后，蜀锦受江南织锦影响，又产生了月华锦、雨丝锦、方方锦、浣花锦等品种，其中尤以色晕彩条的"雨丝""月华"最具特色。

雨丝锦是利用经线彩条宽窄的相对变化来表现特殊的艺术效果的，特点是锦面用白色和其他色彩的经丝组成，色经由粗渐细，白经由细渐粗，交替过渡，形成色白相间，呈现明亮对比的丝丝雨条状，雨条上再饰以各种花纹图案，粗细匀称，既调和了对比强烈的色彩，又突出了彩条间的花纹，具有烘云托月的艺术效果，给人以一种轻快而舒适的韵律感。

●雨丝锦

巧匠创制"醒骨纱"

　　据北宋陶谷撰著的随笔集《清异录》记载，在五代，江西临川、上饶的能工巧匠创制出把芭蕉茎丝与蚕丝捻在一起构成长丝的办法，然后用这种长丝织就轻纱，"夏月衣之，轻凉适体"，因其质感凉寒醒骨，所以得到一个新的名称"醒骨纱"。

　　"醒骨纱"非常适合用做夏季面料，清凉之感令人难忘，而且不会有遇汗黏贴身体的现象。北宋时期十分流行。

　　当时的时髦人士用这种蕉纱做成款式高雅的长衣，称为"太清氅（chǎng）"，相应的短衫则叫"小太清"。

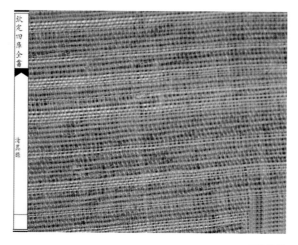

●醒骨纱

轻盈缥缈越地缭绫

绫，俗称绫子。是一种有彩纹的丝织品，光如镜面，像缎子而比缎子薄。最早的绫表面呈现叠山形斜路，据《释名》解释为"其纹望之似冰凌之理"而故名。

绫始产于汉代以前，盛于唐、宋。不同等级官员的服装，用不同颜色和纹样的绫来制作。官营织造中设置了生产绫的专门机构，唐代称"绫作"，宋代有"绫锦院"。绫的品种见于唐代文献的有独窠（kē）、双丝、熟线、乌头、马眼、鱼口、蛇皮、龟甲、镜花、樗（chū）蒲等名目，以浙江生产的缭绫（liáo líng）最负盛名。

缭绫是一种精致的丝织品。质地细致，纹彩华丽，唐代作为贡品。唐代大诗人白居易在《缭绫》中写道："应似天台山上明月前，四十五尺瀑布泉，中有文章又奇绝，地铺白烟花簇雪。"诗中那缥缈如雾般轻盈，晶莹如水般剔透的描写并非对缭绫的艺术夸张，各种文物的出土证实了诗人的描写是据实形象化的。

◉唐花树对鹿文绫

"单丝罗"织就花笼裙

"单丝罗"是一种细丝织品，其织成极其工丽，异常轻薄，是隋唐五代最著名的轻薄丝织物。著名产地有古益州，古蜀州。

花笼裙是盛唐时十分流行的裙装。

"花笼裙"，就是用轻软、细薄而半透明的 "单丝罗"制成的花短筒裙，上用金银线及各种彩线绣成花鸟形状，罩在其他裙外穿，即所谓外衬裙。五代马缟（gǎo）在《中华古今注·裙》中记载："（隋大业中）又制单丝罗以为花笼裙，常侍宴供奉宫人所服。"

女子穿花笼裙，走起路来的时候，看上去花鸟图案跟着摆动，就像是活了一样，更能衬托出女子的婀娜多姿。

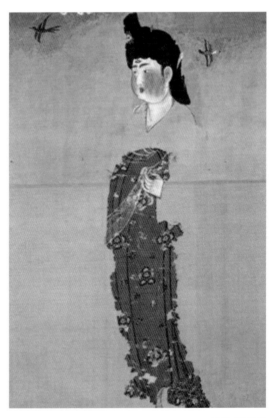

●唐 花笼裙

花色丰富散花绫

　　散花绫是历史上著名的一种斜纹提花织物，汉代始为出现，自唐代花楼机出现后开始流行，兴盛于宋代。散花绫以小碎花为单位纹样，满地铺陈，自由散点排列。

　　西汉最精美的丝织品散花绫，产自巨鹿。

　　当时，西汉巨鹿郡的提花多蹑织机，能织造图案非常复杂的丝纺织品。这些丝纺织品成为西汉帝王赏赐将相高官们的宝物。

　　据《西京杂记》记载：巨鹿郡人陈宝光的妻子创造了一种独特的丝织技艺，织出了"散花绫"，受到太尉霍光夫妇的青睐。霍光夫妇经常从巨鹿购买陈宝光家这种丝织品，送给宫廷女御医淳于衍。霍光夫人一次就赠送给淳于衍蒲桃锦二十四匹、散花绫二十五匹。因为陈宝光妻子手艺精绝，霍大将军便把陈宝光夫妻请到长安太尉府。陈宝光夫妻带着烦琐的织机进了京城，这种织机拉动经丝的蹑就有120个。陈妻手中好几个梭子，装着不同颜色的纬丝，要用60天才能织成一匹，纹饰精美，花色丰富，风情万种，能"值万钱"。可见，这种纺织技艺非常复杂，织出的丝织品成为当时最昂贵、最精美的丝织品。

●宋　散花绫

轻薄如云数 "纱罗"

宋代诗人陆游在《老学庵笔记》中，曾这样形容亳州产的轻纱："举之若无，裁以为衣，真若烟雾。"质地轻薄飘浮，质感细腻的高级丝织物，是当时国内外贵族们竞尚华美、争相追逐的时髦衣着布料。"罗"便是其中的一种。

宋人喜欢穿轻薄透气的纱罗服饰，所以中国的罗织物生产在宋代达到了历史最高峰。尤其是南宋时期，轻薄如云的纱罗织物盛行，罗织品种众多，技术含量高。

罗较为轻薄、透气，其外表特点是稀疏、有空隙，并有褶皱感。1975年发现的福州南宋黄升墓，随葬衣物中罗制的裙子就达15件，其中"褐色罗印花褶裥裙"是保存较好的一件，质地透明轻薄，形如折扇，上窄下宽，由四片透明的细罗制成，每片均纵直褶裥，褶子疏密有致，并印有金色圆点小团花，其可见的透明质感正如宋代大家苏轼在《梦中赋裙带》一诗中所描写的"百叠漪（yī）漪风皱，六铢缤（xǐ）缤云轻"，充分展现了罗裙如若烟尘，飘逸灵动的气质。

●南宋 褐色罗印花褶裥裙（福建博物院藏）

富丽典雅苏州宋锦

　　宋锦是中国传统的丝制工艺品之一。开始于南宋中后期（约11世纪），产品分重锦和细锦（此两类又合称大锦）、匣锦以及小锦。重锦质地厚重，产品主要用于宫殿、堂室内的陈设。细锦是宋锦中最具代表性的一类，厚薄适中，广泛用于服饰、装裱。

　　宋锦，因其主要产地在苏州，故又称"苏州宋锦"。宋锦纹样构图布局均衡，美观大方，色彩富丽典雅，层次分明，质地坚柔，被赋予中国"锦绣之冠"，它与南京云锦、四川蜀锦一起，被誉为我国三大名锦。2009年9月，联合国教科文组织保护世界非物质文化遗产政府间委员会将宋锦列入了世界非物质文化遗产。2014年11月在北京召开的APEC晚宴上，参加会议的领导人及配偶身着中国特色服装抵达现场，统一亮相一起拍摄"全家福"。他们穿的宋锦"新中装"面料，便是苏州丝绸企业研发的产品。

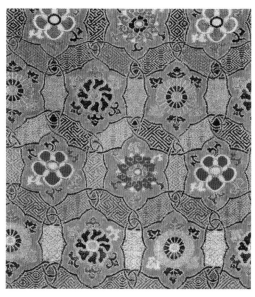

●明 柿红盘绦朵花宋锦（北京故宫博物院藏）

●清 湖色地折枝花卉杂宝纹宋式锦（北京故宫博物院藏）

富丽堂皇"织金锦"

织金锦是以金缕或金箔切成的金丝作纬线织制的锦。织金锦本为波斯特产，元代蒙文中称为"纳石失"，是波斯语"Nasich"的译音。"纳石失"在东进的过程中，接受了东方的信息，成了一种交融的产物。

织金锦的鼎盛期在元代。据《马可·波罗游记》所述，当时元代的蒙古贵族不仅衣着满身红紫、组织华丽的金锦，就连日常生活中的帐幕、被褥、椅垫等都为"纳石失"所制，无一例外，甚至连军营所用的帐篷也是由这种织金锦制成的，绵延数里，场面十分壮观。

织金锦的织造技术对后世的影响极大，尤其是对明清流行的缎织物的产生具有重要的意义。

●元 缠枝牡丹绫地妆金鹰兔胸背（个人收藏）

金彩交辉"妆花缎"

缎，是采用缎纹编织的丝织物。明清时期缎十分流行，其中包括著名传统品种妆花缎。

妆花，原意是指用各种彩色纬线在织物上以挖梭的方法形成花纹。这种方法，在汉唐的一些挖花织物上（例如织成）均有出现，到宋元期间已广泛应用。构成方法是在地纬之外，另用彩纬形成花纹。这种方法可以应用于缎地、绢地或罗地上。在缎地上则为妆花缎；在绢地上则为妆花绢；在罗地上则为妆花罗。妆花所采用的工艺技术早已使用，但"妆花"一词却始见于明代。

"妆花"一词始见于明代的《天水冰山录》。该书载有严嵩抄家时抄出的各色"妆花"名目的丝织物，如"妆花缎""妆花罗""妆花纱""妆花绸""妆花绢""妆花锦"等，当时尤以妆花缎最为流行。

妆花品种的出现，是我国丝织技术的一项重大发展。妆花织物是织造工艺水平很高，极其珍贵的一种提花丝织物。

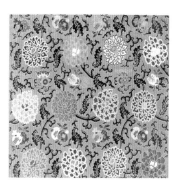

●清 果绿地牡丹莲花纹妆花缎（北京故宫博物院藏）

妆花在织造方法上采用不同色彩的纬绒做局部挖花盘织，因此，配色极度自由，在一件织品上花纹配色可达十几种，甚至几十种；再加上主题花和大的宾花运用多层次的"色晕"表现，使花纹更显得生动优美，自然逼真。同时，还有不少织品除用彩绒妆花外，还加织金线和孔雀羽毛线。以金线、孔雀羽毛线织出的花纹，往往用彩绒绞边；以彩绒织出的花纹，则用金线绞边。这种多种施色，灵活装彩的方法，使整个织绣品呈现出金彩交辉，雍容典雅的效果。

到清末，妆花变成了"妆花缎"的简称。

●明 红地鱼藻纹妆花缎（北京故宫博物院藏）

精巧亮丽山西潞绸

潞（lù）绸是山西丝绸业鼎盛时期的代表，因潞安而得名。

在明代潞绸曾发展到鼎盛时期，山西的潞州因此而成为北方最大的织造中心。潞绸长期作为皇家贡品上贡朝廷。

明代中叶以后，潞绸成为畅销全国的产品，"士庶皆得为衣"（吕坤《去伪斋集》）。

因潞绸闻名天下，明代小说中屡屡提到潞绸。创作于明万历年间的《金瓶梅》有17处提到潞绸，同时期的另一部名著《醒世恒言》中也多处提及潞绸。在其他典籍中也可不断看到有关潞绸的记载和描写，由此可以想见潞绸生产和销售的繁荣情况。

潞绸因为它的精巧亮丽，明代成为出口海外的抢手货，朝鲜呼以"潞洲紬（chóu，古同'绸'）"。

●明 木红地桃寿纹潞绸（北京故宫博物院藏）

高雅端庄话漳缎

2014 年北京 APEC 会议 "新中装" 引起了广泛关注，其中核心面料 "漳缎（zhāng duàn）" 主要用于 APEC 会议女领导人、女配偶服饰。

漳缎是古代汉民族绒类织物的代表，始于明末清初福建漳州，故名。

漳缎由两组经线和四组纬线交织而成，在织物结构上创新了原有素绒织物，成为最具艺术特色的以缎纹为地、绒经起花结构的全真丝提花绒织物。

漳缎至明代已大量生产，在清朝尤为盛行，宫廷贵族多用漳缎作为服装、鞋帽及装饰的面料。由于漳缎高雅端庄，极富立体感，所以得到很大发展，在杭州、南京、苏州等地都有一定规模的生产。

漳缎工艺技术上极为精湛，织造漳缎所使用的提花绒织机，是我国古代花楼机中机械功能最为完善、机构最为合理、技术工艺最为成熟的花楼机，其主要技术特点体现在显花和应用起绒杆起绒的工艺，特别是采用了独立式挂经装置的创新技术，并一直传承至今，堪称我国古代的高科技。

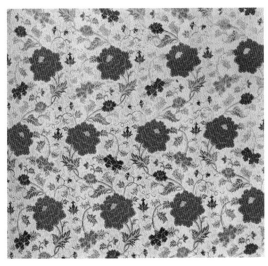

●蓝地 织彩缠枝牡丹纹漳缎（北京故宫博物院藏）

●清 大红色地缠枝牡丹纹妆花漳缎（北京故宫博物院藏）

天然舒爽 "紫花布"

明清时期，我国种植过一种天然彩色棉花，花为紫色，纤维细长而柔软，由农民织成的家机布，未经加工多微带黄色，特别经久耐用，其纺织品被称作"紫花布"。《松江府志》中提到，"用紫木棉织成，色赭而淡，名紫花布"。

松江民间还兴起过一种紫木棉织成的道袍，其颜色类似赭黄，但较为浅淡。因为赭黄是皇家用色，所以一度不许民间使用，然而这股风潮却无法禁止。下图中松江夏允彝、夏完淳父子穿的就是紫花道袍。

紫花布天然的色彩，舒爽的手感博得了欧洲人的喜爱，200年前曾经风靡欧洲。外销紫花布通称"南京布"，英文叫 Nankeen。这个 Nankeen，曾多次出现在欧洲的文学作品里，如著名的《包法利夫人》《大卫·科波菲尔》等均有描述。在19世纪的欧洲，尤其是英法，紫花布的受欢迎程度可见一斑，据说当时英国上流社会流行的装扮是"杭绸衬衫配紫花布长裤"。

●夏允彝、夏完淳父子　　●身着紫花布长裤的男士

海内争夸"濮院绸"

濮（pú）院镇位于浙江嘉兴桐乡东部，自宋以来，濮院因丝绸业发展而形成江南大镇。

驰名海内的濮绸起始于南宋，兴盛于明清。

有《嘉禾杂咏》一诗，这样赞美濮院丝绸：

宋锦人传出秀州，清歌无复用缠头。

如今花样新翻出，海内争夸濮院绸。

濮绸是我国历史比较悠久的丝绸之一，跟杭纺、湖绉、菱缎并称江南四大名绸。它织工精美，料面细密，柔软爽滑，坚韧耐磨，具有风吹不折、晒不褪色的特点。据说，清朝宫廷所用黄龙旗，就是采用濮绸制成。乾隆《濮镇纪闻》记载：濮绸大批运销"两京、山东、山西、湖广、陕西、江南、福建等省"且远销"琉球、日本，濮绸之名，几遍天下"。

濮绸行销全国，尤以"大富贵""小富贵"等花样的濮绸，更受北方人的喜爱和竞购。

●清 濮绸红裙（浙江桐乡市博物馆藏）

战国楚人崇火尚赤

崇火尚赤是楚人的基本信仰。

火为赤色，楚人在色彩上崇尚赤色。上至国王下至百姓，均以赤色为美。《墨子·公孟篇》载："昔者，楚庄王鲜冠组缨，绛（jiàng）衣博袍，以治其国，其国治。"绛衣博袍，指的是红色的宽袖大袍。不仅服饰如此，建筑、器物也都饰以赤彩。

下图为"战国对龙对凤朱色彩条几何纹锦"，地色为深棕色，龙凤纹为浅棕色，龙、凤均面对面相对组合，彩条经为朱红色，朱色的运用反映了楚人"色尚赤"的习俗。据研究，楚人已能运用丹砂、石黄等矿物染料和蓝草、茜草等植物染料染色，朱红色的彩条经即为矿物染料染成，棕色则是植物染料染成。

●战国 对龙对凤朱色彩条几何纹锦（湖南省博物馆藏）

秦代衣饰尚"黑色"

秦始皇深受阴阳"五行"学说影响，相信秦克周，是水克火的结果，因为周朝是"火气胜金，色尚赤"，那么秦胜周就是水德战胜火德，颜色就应当崇尚黑色。这样，在秦朝，黑色为尊贵的颜色，衣饰也以黑色为时尚颜色了。

《战国策·秦策》记载，因为秦国尚黑，于是，战国时期著名的纵横家苏秦，穿"黑貂之裘"游说（shuì）秦王，为投其所好。

●铜车马（陕西省博物馆藏）

曹操发动白色时尚

东汉末年杰出的政治家、军事家、文学家曹操，生前曾亲自发动过一场"颜色革命"，向白色服饰不吉的旧俗发起挑战。

汉末，当时兵荒马乱，正是饥荒年，物资严重紧缺，曹操"裁缣（jiān）帛为白帢（qià），以易旧服"。

白帢，是一种以缣帛为底料、不加染色的帽子，犹如上古皮弁。曹操毫不顾及民间白服不吉的禁忌，不仅带头使用这种白色首服，甚至连参加宴会时都不脱下。因而白帢很快流行开来，成为一种时尚，为魏晋士人所青睐。

●戴白帢的男子（甘肃嘉峪关魏晋墓砖画像）　●戴白帢的魏晋男子（湖南长沙晋墓出土陶俑）

"红裙妒杀石榴花"

红色曾是隋唐时期的流行色，年轻妇女最喜爱的是一种鲜艳的红裙。

当时染红裙的颜料，主要是从石榴花中提取而成的，因此人们也将红裙称为"石榴裙"。石榴裙在唐时是一种流行服饰，尤其是中青年妇女，特别喜欢穿着，穿着它的女子也显得格外俏丽动人。如唐人传奇中的李娃、霍小玉等，就穿这样的裙子。

唐代诗歌中对此述及也较多：杜甫"越女红裙湿，燕姬翠黛愁"；元稹"花砖曾立摘花人，窣（sū）破罗裙红似火"；张谓"红粉青蛾映楚云，桃花马上石榴裙"；白居易"山石榴花染舞裙"；武则天《如意娘》诗"不信比来长下泪，开箱验取石榴裙"。万楚则有"红裙妒杀石榴花"的名句，意思是：裙子红艳艳的，石榴花见了也不免要妒杀。

● 石榴裙（陕西唐代契夫人墓出土的壁画）

石榴裙一直流传至明清，仍然受到妇女欢迎。

久而久之，"石榴裙"也就成了古代年轻女子的代称。

纹雅富丽宋"黝紫"

　　宋人笔记《燕翼贻谋录》：宋仁宗时，南方有一个染工，用山矾叶烧灰染色，染成一种暗紫，纹雅富丽的面料，称为"黝（yǒu）紫"。当时黝紫甚为风行。

　　宋朝仁宗时黝紫色和赤紫色一度是贵色，为皇帝用作朝袍之色，后来士庶渐相仿效，成为习俗。现包括北京故宫博物院等珍藏的一些宋朝的"缂丝"如"紫鸾鹊谱""紫天鹿""紫汤荷花""紫曲木"等，一般认为其上面的紫色为"黝紫"。

●宋 缂丝《紫鸾鹊谱》（辽宁省博物馆藏）

晚明士子穿红戴绿

明朝中后期，经济繁荣，社会财富有了一定程度的积累，作为社会中产阶级的士大夫们，追新慕异，开始注意起个人的服饰行头。

那时，最潮的流行色就是红色。士子喜欢穿红衣服，尤其是大红衣服，穿在身上，喜气洋洋，甚至连鞋子也是红色的，最初是红面绿镶边的云头鞋，后来就用全红。以至于没有读过书的人为了附庸风雅，也弄件红衣服招摇过市。

范濂在《云间据目抄》中说："儒童年少者，必穿浅红道袍。""赶潮"的目的，当然是要显示与众不同。

当然，在讲究服饰的时代，时尚元素必定丰富多彩。士子穿其他色彩衣服的也有。衣服上，有花有朵，很是妖娆，引为时尚。长洲名士张献翼曾"身披采绘荷菊之衣"。

●明 刘宗周像（上海博物馆藏），穿素色长衫脚蹬红鞋

●吕文英（1421-1505）所绘《货郎图·秋景》，其中的民间服饰，已现"穿红着彩"端倪（日本根津美术馆藏）

淡雅宁静"月下白"

"月下白",即通常所称的"月白",并非形容月光一样的亮白,而是指在月下所呈现出的泛青的颜色,如同浅浅的蓝色,所以现代也称"月白蓝"。

明代《天工开物》记载:"月白、草白二色,俱靛水微染,今法用苋蓝煎水,半生半熟染。"苋蓝与菘蓝、木蓝、蓼蓝、马蓝等都是可以制取靛蓝的植物,"微染"所得就是较浅的蓝色。

明、清两代常用到月白色。明代女性常以绿色配月白,如绿袄搭配月白裙,明代话本小说集《型世言》第三回:"穿的油绿绸袄、月白裙出门的。"《醒世姻缘传》第七十一回:"(童奶奶)穿着油绿绸对衿袄儿、月白秋罗裙子、沙蓝潞绸羊皮金云头鞋儿,金线五梁冠子,青遍地锦箍儿。"《红楼梦》第六十八回描写:"凤姐方下了车进来,二姐一看,只见头上都是素白银器,身上月白缎子袄,青缎子掐银线的褂子,白绫素裙。"

●清 月白地牡丹花卉纹金宝地锦(北京故宫博物院藏)

李渔在《闲情偶记》里还特别提到明末女装中月白的应用与色彩的流行变化:"记予儿时所见,女子之少者,尚银红、桃红,稍长者尚月白。未几而银红桃红皆变大红,月白变蓝,再变则大红变紫,蓝变石青。"这里的月白、蓝、石青是蓝色系中由浅到深的色彩。

●清 月白色团荷花暗花纹绸夹衬衣(北京故宫博物院藏)

蓝印花布布衣天下

南宋宁宗嘉定年间，开始出现"药斑布"，别名为"浇花布"，也就是现今民间的蓝印花布的前身，当时这种印花布，是民间妇女重要的服装面料。其主要色彩为蓝色、白色。

药斑布又称"浇花布"，以灰粉渗矾作花样，再加染颜色，晒干后刮去灰粉，则白色花饰图案灿然出现。

"药斑布"中"药"即染色原料——蓝草，"斑"是防染浆剂印后构成的纹样大小斑点。这些斑点可以防止染上蓝色，保留坯布白色，故称"药斑布"。

明末清初，人们逐渐把这种蓝草印制花布直接称为"蓝印花布"。明清以来蓝印花布已成为风靡全国的染织手工艺品，中国蓝印花布可谓"布衣天下"。

●蓝印花布

世人争相效"福色"

福康安（1754—1796），满洲镶黄旗人，是清朝乾隆年间名将、大臣。

福康安是经略大学士傅恒的第三子，又是乾隆帝嫡后孝贤皇后的侄子。因为是富察家族的子孙，乾隆帝在他身上看到了自己早殇（shāng）的嫡子端慧皇太子永琏和皇七子永琮的影子，乾隆帝便把富察氏的嫡侄接入宫中亲自教养，待之如同亲生儿子一般。

福康安历任云贵、四川、闽浙、两广总督，官至武英殿大学士兼军机大臣。

如此的人物，加上中国人那么向往的"福"字，于是，福康安自然成了那时引领时尚的领袖。

●福康安

福康安喜欢深绛色，惹得世人争相效之，时人称为"福色"。清代昭梿所做笔记《啸亭杂录》载，福康安好穿深绛色服饰，人言之为福色，因为"福"字，一语双关，都愿有"福"，上有所好，下必甚焉，故当时的贵族、民间也争效其色，都要做件"福色"袍子穿，以借福音。

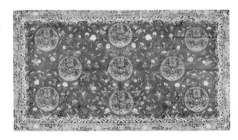

●缂丝挂帐帐面（此件缂丝大帐中所使用的背景色为深绛色）

纹样 款式

吉祥如意 "铭文锦"

　　"铭文锦"是西汉末年或东汉初年开始出现的一种特殊的织锦，它继承了西汉时期汉锦经线显花的纹样图案特征，以避邪的奇禽怪兽、变异的云纹花卉为铺设，吉祥的汉隶铭文穿跳其中，从右向左排列，通常以铭文为主题。

　　根据目前出土的汉代铭文锦的考察，其中文字有"永昌""万年益寿"等。东汉时的汉隶铭文配合卷云纹、茱萸纹等象征吉祥如意的纹饰已相当风行。

●汉 "岁大孰宜子孙富贵"云气动物纹经锦（中国丝绸博物馆藏）

神秘飘逸"云气纹"

云气纹是汉魏时代流行的汉族传统装饰花纹之一，是一种用流畅的圆涡形线条组成的图案。一般作为神人、神兽、四神等图像的地纹，也有单独出现的。云纹寓意高升和如意，后世传承绵延。

汉代是云纹发展史上最自由随意的一个阶段，它强调的是动态飘逸和气象万千的线性美感的嫁接组合。

云气纹产生的根本原因是汉族民间对自然的崇尚和对神仙的崇拜。

汉代成都青城山是中国道教的发源地。道家崇尚自然，信仰阴阳乾坤、五行八卦，追求不老，修炼长生。云气即仙气，云气清风为仙人出入之所，神秘莫测，变幻无常。祥云与瑞兽是人们喜闻乐见的题材，这种与汉字铭文组合成的吉祥云气动物图案，具有独特的艺术风格和很高的艺术水平，流传很广。

●西汉 云气纹刺绣（湖南长沙马王堆出土）

生命不息数"忍冬"

忍冬为一种蔓生植物，其花长瓣垂须，黄白相半，俗呼"金银花""金银藤"。忍冬夏季开花，初白后黄，秋末老叶枯落，紧接着又生新叶，且凌冬不凋，故有忍冬之称。

忍冬耐寒、耐旱、耐涝、耐盐碱，生命力顽强，它静静生于荒郊野外，只要有水有土就可以顽强生存下去。金代诗人段克称颂忍冬诗曰："有藤鹭鸶藤，天生非人有，金花间银蕊，苍翠自成簇。"这种超强的生命力是它被佛家看好，成为古代寓意纹样的原因，所以被大量运用在佛教艺术上，比作人的灵魂不灭、轮回永生。

东汉末期，忍冬纹随着佛教艺术在我国流传兴起，南北朝时最为流行。

忍冬纹图案，是敦煌石窟中出现最早、也是出现次数最频繁的图案之一。

●北魏 忍冬联珠龟背纹刺绣花边（敦煌研究院藏）

圣洁圆满 "宝相花"

　　宝相花纹，传统吉祥装饰纹样之一。是将自然界花卉（主要是莲花）的花头做变形的艺术处理，使之趋于图案化、程式化。宝相花纹样吸收了来自印度的佛教装饰艺术且成形较早，是魏晋南北朝以来伴随佛教传播而流行的图案，盛行于隋唐时期，其又被称为"宝仙花"。

　　构成宝相花纹的主要纹样有莲花纹、忍冬纹、石榴纹、如意云纹、牡丹纹、联珠纹等，这些纹样符号有着不同的所指。其中，莲花纹作为佛教标志，代表净土，象征纯洁，寓意吉祥。

　　宝相花纹以其形式美和吉祥富贵、幸福圆满的象征意义成为具有中国特色的传统纹样。从唐代开始，宝相花大量进入服饰，成为广大民众喜爱的图案。

　　1968年新疆吐鲁番阿斯塔那墓地381号墓出土的"唐变体宝相花纹云头锦鞋"，上面的变体宝相花纹、禽鸟花草纹等，使得鞋子有绒面的视觉效果，整双鞋体更加立体丰满、精巧玲珑，体现了华美的艺术风格。

●唐　变体宝相花纹云头锦鞋（新疆维吾尔自治区博物馆藏）

●唐　红色绫地宝相花织锦绣袜（青海省文物考古研究所藏）

中西交融"联珠纹"

联珠纹由一个个小的圆珠组成，圆珠或排成条带等形状，或围成一个圆圈，用以包围主题纹样，成为联珠圈。在隋唐发展流行并至鼎盛。

盛行于波斯萨珊王朝时期的联珠纹，在魏晋南北朝时期经由中亚传入中国，并得到中国中古时期工匠们的传承与创新。

●唐 联珠狩猎纹锦（日本奈良法隆寺藏）

在隋唐五代的丝绸图案设计家中，唐初的窦师伦是最重要的一位。他字希言，是扶风平陵（今陕西咸阳西北）人。师伦生性"巧绝"，起初，在李世民的秦王府里任职，爵封"陵阳公"，又兼益州大行台检校修造，设计出的瑞锦、宫绫图案"章彩奇丽"，题材有"对雉、斗羊、翔凤、游麟"等，被称为"陵阳公样"，至少流传到9世纪中叶。唐前期，对称纹样的联珠圈锦风靡，采用的应当就是"陵阳公样"。

●唐 团窠联珠对饮马纹锦（个人收藏）

经过中华民族审美标准的汰选过滤之后，联珠纹早已失去其原本蕴含的波斯宗教意义，呈现出截然不同的旨趣。联珠纹在中国的发展对中国本土纹样的形式和结构也产生了深刻的影响，为中国传统纹样的题材领域注入了全新的元素。

联珠纹在中国，从传入到流行再到融合，大致出现于南北朝，在隋代开始流行，在唐朝达到兴盛，并和中国本土的装饰纹样融合，这实质上也是中西文化交流高潮的写照。

●出土于新疆吐鲁番阿斯塔那古墓中的团窠宝花水鸟印花绢就是典型的"陵阳公样"

生机勃勃"唐草纹"

盛唐时代具有时代特征的标志性纹样是以波状弯曲成 S 形、繁生而连绵不断的蔓草纹——唐草纹。这种纹样又称"卷草纹"。

卷草纹构图繁简疏密，富丽华贵，形象丰满，在隋唐时期特别流行，成为这一时期一种富有时代特色的装饰纹样。

唐代卷草纹，多取牡丹的枝叶，采用曲卷多变的线条，花朵繁复华丽，层次丰富；叶片曲卷，富有弹性；叶脉旋转翻滚，富有动感。总体结构舒展而流畅，饱满而华丽，生机勃勃。

大唐服饰纹样在广泛吸收外来文明的基础上，又将这些新创造传播到了世界各地，在世界范围内产生了广泛的影响。在唐代流行的卷草纹，本身来源于西域，又结合了我国的四季花纹，因为大唐帝国对当时东西方的强大影响力，因而卷草纹也跟中国传统服饰被称为"唐服"一样，被特称为"唐草纹"。

●出土于新疆吐鲁番唐墓的红地花鸟纹锦

靖康追慕 "一年景"

北宋钦宗靖康年间流行一种衣饰，名为"一年景"。

因将四季的桃、杏、荷花、菊花、梅花绣于一身，所以做这样的称呼。当时还流行一年景的花冠。妇女头戴用绢花做的花冠，把桃、杏、荷、菊、梅合插一冠上。

宋陆游在《老学庵笔记》里对此有描述：北宋靖康初年 (1126)，京师妇女喜爱用四季景致为纹样，从丝绸绢锦到首饰、鞋袜，"皆备四时"；把春桃、夏荷、秋菊、冬梅等更多的四季花朵图案，"皆并为一景，谓之一年景"。

下图"宋仁宗皇后像"中，侍立左右的两个宫女，头戴花冠，簪嵌了近百朵花儿，缤纷斑斓的头饰，展示了"一年景"的花样年华。

福州南宋黄升墓，出土了两件精美的绣花绶带，刺绣纹样几乎囊尽了一年景里的所有花卉，荷花、山茶、杜鹃、桃花、菊花、蔷薇、芙蓉、石榴、秋葵、海棠、牡丹等。

●宋仁宗皇后像（台北"故宫博物院"藏）

八路相通"八答晕"

"八答晕"原是锦的一种纹样构成形式，即"八路相通"，后来成为这种纹锦的代称。

这类图案来源于我国宫殿和寺庙建筑中的彩绘装饰。唐代敦煌莫高窟藻井图案中可以看到不少类似的风格，它是中华民族装饰图案在锦缎上的艺术体现。八答晕是在圆形、菱形、方形或多边形（多为六边形或八边形）等各类几何骨架上搭配起来的一种组合纹样，团窠中配置如意、莲花等，在骨架地上布以万字、回纹、连线、龟背、鱼肠、锁纹、盘绦等图案。

此类纹锦唐已开始生产，称为晕绚（jiàn）锦、大绚锦。宋称"八答晕"。两宋这种纹饰进一步发展，变化较多，当时有八花晕、银勾晕、大小晕绚等锦纹。元代称"八搭晕"。

●宋 米黄地八答晕锦（四川博物院藏）

"八答晕"的图案结构是用规矩的方、圆、几何纹和自然形组织起来的，是满地规矩花最精制作的一种。八答晕锦规划严谨、繁而不乱，色调丹碧玄黄，五光十色，呈现出庄严雄浑的气派，达到了锦类布色极高的艺术效果。

●明 红地万事如意八答晕蜀锦（四川博物院藏）

节日时尚"灯笼锦"

　　蜀锦历史悠久,影响深远,在我国丝绸发展历史上占有相当重要的地位。它源于上古,兴于秦汉,盛于唐宋,繁于明清,在东汉时期就已誉满天下。

　　"灯笼锦"是蜀锦中的一种,起源于宋代。该纹样以灯笼为主体,饰以流苏和蜜蜂。流苏一般是谷穗的变形图案,代表"五谷",蜜蜂的"蜂"、灯笼的"灯"与"丰""登"是谐音,这样便连成"五谷丰登"的吉祥语。锦中还织有双龙、莲花、寿字、宝珠等吉祥图案。 因寓意吉祥,造型空灵加之明清之际该纹样更加成熟,应用也更加广泛,以至于当选为宫廷元宵节的应景纹样。

●清 宫黄地寿字灯笼锦（清华大学藏）　　●清 石青缂丝八团灯笼纹绵褂（北京故宫博物院藏）

魏晋"大袖宽衫"之风

魏晋时期的人们崇尚道教和玄学，因为祈求长生不老，所以炼制丹药服用的情况较为普遍。服食丹药后常使身体发热，不适合穿紧身的衣服，再加上当时的人们大多追求"仙风道骨"的飘逸和脱俗风度，所以这一时期的人们喜欢穿宽松肥大的衣服，世称"大袖宽衫"。

宽松的政治环境，魏晋玄学之风，佛教的兴盛，以及士族制度的影响等都促进这一服饰风格的形成。

魏晋服装日趋宽博，成为风俗，并一直影响到南北朝服饰。

●穿大袖宽衫的贵族及侍从（东晋·顾恺之《洛神赋图》局部，北京故宫博物院等藏）

南北朝盛行 "大口裤"

由于中外文化交流频繁，受异域民族生活方式的影响，南北朝时期的士庶多以着裤为尚。裤褶，是南北朝时期的典型服饰，开始作为军服，后来延及文武百官。南北朝时已广为常服。

裤褶实际上是一种上衣下裤的组合，它的基本款式是上身穿大袖衣，下身穿肥腿裤。

裤褶原来是北方游牧民族的传统服装，到了南北朝时期，这种服装开始在汉族地区广为流行，裤口也越来越大， 为了行动方便，人们用1米左右的锦带在裤管膝盖部位下紧紧系扎，将裤腿缚住，称为 "缚裤"。后来裤口愈加宽大，时称 "大口裤"，一时之间成为南北朝时期盛行的服饰。北朝尤为盛行，曾以此作朝服，妇女也有穿着。

●穿裤褶的男子和女子（北朝陶俑，传世实物）

●北魏 彩绘陶文武士俑（加拿大多伦多皇家博物馆藏）

南北朝风尚 "裲裆衫"

裲裆（liǎng dāng），亦作"两裆"。《释名·释衣服》："裲裆，其一当胸，其一当背，因以名之也。"

裲裆有两种含意，一种是指 "两裆铠"；一种是指 "裲裆衫"。

军士穿的称裲裆铠。一般人穿的称裲裆衫。裲裆铠的材料大多采用坚硬的金属和皮革，裲裆衫的材料，通常用布帛。裲裆衫是从军服中的裲裆铠演变而来的。

裲裆衫是胸前、背后各有一衣片的服饰，肩上和腋下以襻扣住，可谓古代的一种背心，起先为内衣的一种，是南北朝时期比较流行的服饰，以后还发展有裲裆背带裙。

裲裆也有夹有绵，绵的中间纳有丝绵，取其保暖。男女皆可服用，妇女穿的常饰采绣。

●北齐校书图 （局部）（杨子华绘，美国波士顿美术馆藏）。图中榻上着纱帔衫子者，内着"有襻带的裲裆，袙腹"，都是南北朝通行的衣着

六朝奢华 "杂裾垂髾"

因为崇尚魏晋风度，六朝时的妇女们也都是宽衣博带，长袖翩翩，这个时候衣服的样式主要是"杂裾垂髾（shāo）"。这种服饰下摆通常裁成三角形，上宽下尖，层层相叠，名为"垂髾"，并在周围缀以飘带，以为装饰。由于从围裳中伸出来的飘带比较长，所以走起路来，轻盈得像燕子在飞舞。

到南北朝时，这种服饰又有了变化，去掉了曳地的飘带，而将尖角的"燕尾"加长，使两者合为一体。

杂裾垂髾服的特点主要在下摆。通常将下摆裁制成数个三角形，上宽下尖，层层相叠，因形似旗而名之曰"髾"。除此之外，围裳之中还伸出两条或数条飘带，走起路来，随风飘起，如燕子轻舞，煞是迷人，故有"华带飞髾"的美妙形容。妇女穿杂裾垂髾服的窈窕体态可以从东晋大画家顾恺之的《列女传仁智图》中略知一二。

●《列女传仁智图》局部（顾恺之，北京故宫博物院藏）

魏晋流行漆纱笼冠

　　这种冠帽，最早产生于汉代。到了魏晋时，成为最为流行的男子首服（女子也可以戴）。这是一种集巾、冠之长而形成的一种首服。其制为平顶，似圆形"套子"，两边有耳垂下；戴时必须罩于冠帻之外，才成为帽子，下用丝带系缚。

　　它的特点是：在冠上用经纬稀疏而轻薄的黑色丝纱制作，上面涂漆，使之高高立起，里面冠顶隐约可见。东晋画家顾恺之《洛神赋图》中人物多戴漆纱笼冠。

　　后世的乌纱帽就是由此演变而成。

●《洛神赋图》中人物多着漆纱笼冠

时尚实用"谢公屐"

木屐的历史十分悠久。1987 年，浙江宁波慈城镇出
土一双迄今为止中国最古老的木拖鞋。是当今中国乃至世
界第一古屐，也是中国乃至世界最早的鞋类实物。

●三国朱然墓出土漆木
屐（安徽马鞍山市博
物馆藏）

木屐虽在原始社会就已经出现，但是木屐的发展和流
行却在魏晋。

魏晋南北朝时期，穿木屐十分普遍，上至天子，下
至庶民，莫不穿屐，但不用于正式场合，多为家居的便装
和登山游玩的鞋具。《世说新语·忿狷》记晋人王述性情
急躁，用餐时以筷子戳刺鸡蛋，刺之未破，便大怒掷地，
鸡蛋圆转不止，王述便"下地，以屐齿碾之"。名士阮孚
素好木屐，曾对人修屐，喟叹一生不知要穿坏几双；《晋
书·谢安传》中也有这方面记载，说的是淝水之战期间，
东晋宰相谢安，亲任征讨大都督，指挥战事，令其侄谢玄
率兵迎敌，自己却在住所与人下棋。突有前方驿书送至，
报告其侄获胜消息，谢安不为所动，依然与棋友对弈，表
现出持重沉稳的大将风度。直到棋局结束，返身回房，再
也按捺不住激动之情，过门槛时竟忘了抬脚，以至于将屐
齿折断。这是成语"屐齿之折"的来历。

●唐人刺绣《释迦如来
说法图》。唐代，木屐
传到日本。现藏于日
本奈良国立博物馆文
物库房的唐人刺绣《释
迦如来说法图》中，
佛前的多位弟子都穿
着木屐侍立

南朝谢灵运喜游名山大川，穿带齿木鞋。为了上下山
方便，他把鞋齿做了一些改进，将死齿改为活齿。上山时
去掉前齿，下山时去掉后齿，可以省却许多力气，身体也
更容易保持平衡。而他发明的活齿屐，也被称为谢公屐。
《晋书·谢灵运传》："谢灵运好登山，常著木屐，上则去
前齿，下则去后齿。"大诗人李白在《梦游天姥吟留别》
一诗中写道："脚著谢公屐，身登青云梯。" 由文献的记载
可知，木屐耐用且实用性强，不仅可用于蹚水还可用于登
山，而且又是较为时尚的鞋式，可谓功能与时尚并举。

●穿木屐的宋人（宋《归
去来辞图》）

弱柳扶风 "间色裙"

魏晋南北朝时期，女子们已经开始穿条纹裙。这种条纹裙被称作"间色裙"，用两种或两种以上颜色的料子拼接，色彩相间，别有情趣。穿间色裙的人显得十分修长飘逸，确实是"娴静时如娇花照水，行动处似弱柳扶风"，看上去格外小清新。当时更有些女性，大胆地将红、绿对比色拼接在一起，做成间色裙，色泽鲜明，对比强烈。竖条纹清新脱俗又显瘦，有修身的功效。

隋、初唐时期流行襟袖狭小，高腰或束胸贴臀，宽摆齐地的裙装样式。而间色裙便是其中的重要角色，虽然裁布制作既费面料又费工夫，但由于穿着齐胸间色襦裙装让女性身材显得更加修长纤细，而流行于隋、初唐时期（区别于盛唐以丰腴为美）。

●初唐麟德二年（665年）陕西礼泉昭陵李震墓壁画

黄金分割对襟襦裙

　　襦裙（rú qún），是中国古代的一种传统服饰。始于战国时期。襦裙由短上衣加长裙组成，即上襦下裙式。与其他服装形制相比，襦裙有一个明显的特点：上衣短，下裙长，上下比例体现了黄金分割的要求，具有丰富的美学内涵。

　　"对襟（duì jīn）襦裙"为襦裙的一类，其上襦为直领，衣襟呈对称状，故称对襟襦裙。

　　对襟襦裙起源于战国，盛行于五代至两宋时期。

●对襟襦裙（五代·顾闳中《韩熙载夜宴图》局部，北京故宫博物院藏）

唐代前期兴"半臂"

沈从文先生在《中国古代服饰研究》中写道:"半臂又称半袖,是从魏晋以来上襦发展而出的一种无领(或翻领)、对襟(或套头)短外衣,它的特征是袖长及肘,身长及腰。"

半臂是一种短袖的对襟上衣,没有纽襻,只在胸前用缀在衣襟上的带子系住。半臂的衣领宽大,胸部几乎都可以袒露出来,是唐代女装中极为常见的新式衣着。唐代妇女们穿用半臂时,有的把它罩在衫、裙的外面,有些像今日的短风衣一样。

半臂的兴盛时期是在唐代前期,中期以后便有了显著的减少。主要原因是唐代前期的女装与后期有明显的不同。唐前期女装大多窄小细瘦,紧贴身体,袖子也细窄紧口,适合在外面套上半臂。

●穿襦裙及半臂的初唐宫女(陕西乾县唐永泰公主墓壁画)

●初唐壁画中宝箱花锦袖缘半臂形象

唐天宝"女着男装"

所谓女着男装，体现了一种女服男装化的趋势。

唐代女子还有女着男装的风气，尤其在天宝年间更为流行。当时的女子与我国封建社会的其他朝代相比，在社会活动上要积极、活跃得多，郊游与骑马更是一时的社会风尚，所以着男装不仅在民间十分流行，还一度影响到了宫内，贵族妇女也多喜爱着男装。

唐代的女着男装是与胡服同时流行的，有时还互为影响，或混穿于一身。这也是当时宫中流行的装束，后来民间也广为流行。陕西乾县永泰公主墓室壁画中就有此类形象。至于唐代女子着男装的形象，我们从唐墓室壁画、绘画及出土俑中均可见到，其形象多为头戴幞头，身穿窄袖圆领缺胯衫，足穿乌皮六缝靴，腰系革带，看上去几乎和男子没有什么不同。

据称，在武则天幼时，著名术士袁天纲为她看相，当时乳母抱着武则天，"衣男子之服"。天纲初看之下，称："此郎君神色爽彻，不可易知，试令行看。"于是走到床前，又令抬头，天纲看后大惊："此郎君龙睛凤颈，贵人之极也。"再令转身侧面审视，大惊失色，更是称："必若是女，实不可窥测，后当为天下之主矣。"还有另一则故事称，唐高宗在皇宫内设宴，太平公主为高宗、武后舞蹈娱乐。太平公主穿"紫衫、玉带、皂罗折上巾，具纷砺七事"。高宗问道："女子不可为武官，何为此装束？"折上巾就是幞头。太平公主当时所穿是标准的男装，所以高宗才有此问。宋代史学家将太平公主穿男装斥为"服妖"，实际上这在当时是一种很时兴的风尚。

●唐 韦贵妃墓壁画，躬身施礼男装女侍图

●唐 韦贵妃墓壁画，束抹额男装女侍图

长留白雪"袒胸襦"

　　袒胸襦是受波斯服影响，在盛唐时期颇为时尚的一种服装。最初为唐代歌女所穿，后来成为上流仕女及年轻女性的时髦服装。无领，袒露胸部，内衬抹胸，适身窄袖，襦长至腰。这种服装的特点是：颈部和胸部的部分肌肤被释放出来，展露出来。唐欧阳炯《南乡子》词："二八花钿，胸前如雪脸如花。"即描绘此种装束。

　　唐代诗词还有大量的记载：方干的《赠美人》"粉胸半掩疑暗雪，长留白雪占胸前"，李群玉的《赠歌妓诗》"胸前瑞雪灯斜照"，温庭筠《女冠子》"雪胸鸾镜里……"。这种袒胸部于外的女子装束也从侧面反映了当时的思想开放及社会的包容程度。与唐人心态和社会心理变化息息相关，袒胸襦衫的开放式形制，反映了人性精神获得极大释放，它们既透露了大气盘旋的民族自信，又体现了博采众长的宽广气度。

　　永泰公主墓壁画侍女大部分身穿罗襦，紧袖裳，长裙，肩披长巾，少数穿圆领男装，脚穿如意履或透空鞋。但短襦对襟间距增大，领口下凹幅度增加，袒胸更明显，裙腰的位置也下移。

●唐　永泰公主墓壁画

贞观开元衣"胡服"

唐初以来，随"丝绸之路"的畅通，西域文化对中原的影响与日俱增。至唐开元、天宝年间，京都长安成为国际大都市，长安的"胡化"也盛极一时，贵族平民都竞相效法。正如元稹《法曲王》所描绘的："胡音胡骑与胡妆，五十年来竞纷泊。"

胡服是中国古代西北地区少数民族（历史上称北方的民族为"胡"）的服装，后亦泛称外族的服装。与当时中原地区宽衣博带的汉族服装不同，其制为短衣、长裤、革靴。衣形合身，便于骑射。

妇女的生活风尚亦受之熏习甚深，有"胡服骑射"的爱好和风气，女子胡服则多直取其原来样式而进行多方综合，并非是"胡汉"文化的结合。在唐代贞观至开元年间十分流行，一时以胡服、胡牧为美，且不分高低贵贱、尊卑内外，穿着十分广泛。

身穿紧腰胡装，足登小皮靴，朱唇赭颊，是时尚的打扮。

●梳髻、穿翻领胡服的妇女（彩绘陶俑，北京故宫博物院藏）

●唐 胡服美女图

婀娜多姿长"披帛"

随着佛教东传，南北朝时期佛教题材的壁画中，已经出现了身披披帛的女供养人。唐代开元以后，长长短短、宽宽窄窄的披帛开始出现在每一个追逐时装的女性肩上。自信开放的大唐女性们奉行服饰上的华丽精巧。"坐时衣带萦纤草，行即裙裾扫落梅"，花花草草们也可以一亲芳泽。《旧唐书·舆服志》里这么说："风俗奢靡，不依格令，绮罗锦绣，随所好尚。上自宫掖，下至匹庶，递相仿效，贵贱无别。"唐玄宗就曾颁下诏令：宫中二十七世妇和宝林、御女、良人在随侍和参加后宫宴会时，都须身披绣有图案的披帛。而宫女们在端午节时，也要披较为华丽的披帛，称为"奉圣巾"或"续寿巾"。

●穿襦裙、披长帛的妇女（河南洛阳关林出土唐三彩俑）

●唐 身披披帛的供养人（敦煌壁画）

唐代盛行多样幞头

幞（fú）头是在东汉幅巾的基础上演变而成的一种首服。

原先的幅巾作四方形，使用时，包住发髻，在脑后缚结。北周武帝对其做了改进，于方帕上裁出四脚，并将其接长，形如阔带，裹发时巾帕覆盖

●裹幞头、穿圆领袍衫、乌皮靴的官吏（陕西乾县李重润墓壁画）

●"英王踣样"幞头

于顶，后面两脚朝前包抄，自上而下，系结于额，前面两脚绕至颅后，缚结下垂。经过改制的幅巾，开始称"帕头"，隋唐之初逐步定型，唐代开始称为"幞头"。和原来的四方形幅巾相比，这种裁有四脚的幞头系结起来更为方便，而且不容易散开，所以先在军旅中传播，不久便流行于民间。

幞头盛行于唐代，皇帝、文士都喜欢。样式有"平头小样""武家诸王样""英王踣（bó）样"等，制作的材料以黑色丝织物居多。唐代阎立本绘《步辇（niǎn）图》中，太宗坐在步辇上，穿柘黄色圆领绫袍（常服），戴黑纱幞头，乌皮靴，红革带，接见吐蕃向唐朝求婚的使者禄东赞；引见的两位官员一穿红衫、一穿白衫，也戴幞头。

●裹幞头、穿圆领袍衫的帝王及官吏（唐·阎立本《步辇图》，北京故宫博物院藏）

典雅大方宋代褙子

褙子（bèi zi），又名"背子"，始于隋代的一种传统汉服样式，对襟，两侧从腋下起不缝合，多罩在其他衣服外面穿着。其寓意人行走之时背应挺直，以扶正人的脊背和身体。

最常见的宋代褙子款式，是以直领对襟为主，衣长不等，前襟不施衿纽，袖子可宽可窄；衣服两侧开衩，或从衣襟下摆至腰部，或从腋下一直开到底，还有根本不开衩的款式，很像现在的长背心。

因为褙子既舒适合体又典雅大方，所以在宋代，上至皇后贵妃，下至奴婢侍从、优伶乐人及男子燕居均喜服褙子，尤其是宋代的女性，上身穿窄袖短衣，下身穿长裙，通常在上衣外面再穿一件对襟的长袖小褙子，褙子的领口和前襟，都绣上漂亮的花边。

《蕉荫击球图》中表现的是窄袖褙子。

●宋《蕉荫击球图》（北京故宫博物院藏）

●穿褙子的宋代厨娘（河南偃师酒流沟宋墓砖刻）

两宋男子兴"襕衫"

所谓襕衫（lán shān），是一种圆领（或交领）大袖的长衫，因其于衫下施横襕为裳，故称"襕衫"。下摆一横襕，以示上衣下裳之旧制。

襕衫在唐代已被采用，至宋最为盛兴，流行广泛。仕者燕居、告老还乡或低级吏人都穿着。一般常用细布，颜色用白，腰间束带。也有不施横襕者，称为"直身"或"直缀"，居家时穿用，取其舒适轻便。

明代延续了这一传统。

●明 襕衫（江苏扬州博物馆藏）

●南宋 《五百罗汉图》局部（周季常、林庭圭，美国波士顿博物馆藏）

陈继儒自制新样

明代著名文人陈继儒号"眉公",是一位打通江湖与庙堂的大师级人物,被封为大众偶像。创制了"眉公系列"家居产品。

陈继儒衣着标新立异,自制新样,"用两飘带束顶",于闲散中更见名士派头,时人纷纷效仿,因陈继儒号眉公,故称该巾子为"眉公巾"。

另外,其所制之衣称"眉公布",所坐之椅称"眉公椅",民间对其崇拜,引得人们纷纷效法。

陈继儒在晚明时代地位很高,对晚明文人的创作和生活风尚有明显的影响。

作品有《小窗幽记》《吴葛将军墓碑》《妮古录》等。

●陈继儒(清·叶衍兰绘)

端庄典雅"马面裙"

马面裙又名"马面褶裙",前后共有四个裙门,两两重合,侧面打裥,中间裙门重合而成的光面,俗称"马面"。

马面裙始于明朝(可能可以追溯更早),当时这种裙子不仅皇后爱穿,民间也很流行,清代为盛,延续至民国。

明代的马面裙,较为简洁,在两侧打活褶,前后共有四个裙门,两两重合,中间是光面,没有褶,在裙子的底摆和膝盖位置还有装饰,马面裙裙身的面料也常见素色织花。

清代马面裙较为繁复,马面裙的褶子开始密起来,有的甚至密成百褶裙,式样变得复杂,并且重视马面的装饰,多用刺绣等方式装饰"马面",日趋华丽。

●白缎地四龙八凤纹马面裙(中国丝绸博物馆藏)

●五彩暗花绸镶花边鱼鳞褶马面裙(北京服装学院民族服饰博物馆藏)

明代 "裁衣学水田"

　　水田衣是用许许多多零星的织锦缎料拼合而成的。这些缎料色彩不同，图案不同，大小不同，形状也各异，所以拼制起来的服装色彩斑斓，形如水田，具有一种极其特殊的装饰效果，受到明代女子的普遍喜爱。

　　据说在唐代就有人用这种方法拼制衣服，王维诗中就有 "裁衣学水田" 的描述。水田衣的制作，在开始时还比较注意匀称，各种锦缎料都事先裁成长方形，然后再有规律地编排缝制成衣。到了后来就不再那样拘泥，织锦料子大小不一，参差不齐，形状也各不相同，与戏台上的 "百衲衣"（又称富贵衣）十分相似。

　　到了明朝末期，奢靡颓废之风盛行，许多贵胄人家女眷甚至为了做一件中意别致的水田衣常不惜裁破一匹完整的锦缎，只为了一小块衣料而已。

●清 水田衣（美国明尼阿波利斯艺术博物馆藏）

"生成一对"明代纽扣

到明代，服装出现了许多新的变化，最突出的特点是以前襟的纽扣代替了几千年来的带结。

纽扣的使用也是一种变革，体现着时代的进步。明代纽扣多使用金、银、玉等材质，样式繁多，结构与布纽扣一样，由"扣"和"攀"两部分构成，相互扣合即可固定。

明代小曲《挂枝儿》唱道："纽扣儿，凑就的姻缘好。你搭上我，我搭上你，两下搂得坚牢，生成一对相依靠。系定同心结，绾下刎颈交。一会儿分开也，一会儿又拢了。"将恋爱中的男女比喻成忽分忽合的纽扣，再贴切不过了。

明代中后期更出现了于一件衣服的显眼处大量使用纽扣的情况。

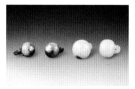

●明 嘉靖时期白玉纽扣（1969年上海黄浦区明赠奉政大夫朱察卿家族墓出土）

●明 陶俑所穿背心上的纽扣

●清 铜镀金嵌料石纽扣（北京故宫博物院藏）

儒雅风流"飘飘巾"

飘飘巾，又称飘巾、飘摇巾，是明代后期非常流行的士人男子首服，《胡氏杂抄·姚氏记事编》中说："明季服色……又有一等士大夫子弟，戴飘飘巾，即前后披一片者。""前后披一片"指的是飘飘巾的造型，巾的顶部前后皆制成斜坡状，各缀一大小相等的方形片，质地轻软，巾后还垂有飘带一对，行动或有风吹来时，巾片与飘带可以飘动，故名"飘飘巾"。制作考究的还在飘巾前片上装饰如意云纹等图案，甚至缀上玉花、玉片一类饰件。飘飘巾以黑色为主，也可用青色，材质则相当丰富。

●明人绘《徐渭像》中缀玉花的飘飘巾

因飘飘巾具有动感，尤其受到年轻士子的喜爱，在明清小说中多有描写。进入清代，因剃发易服的原因，明代男子的头巾大都废而不用，只在戏曲舞台上被部分延续，飘飘巾就是其中之一。因《玉簪记》中潘必正戴飘飘巾，故也称作"必正巾"。

●明 《听琴图》(张路，德国柏林东亚美术馆藏)，
左戴飘飘巾

正德时世装 "罩甲"

　　根据沈从文先生的考证及其搜集的明代图版，明代所称"罩甲"其实有两种大的分类——一类是真正的铠甲，金属制成，有鱼鳞、锁子、柳叶等形制；一类是丝布类材质的衣服，其功用或为御寒，或为装饰。

　　根据上述考证并结合有关史料可以判断，织物制成的罩甲，因其实用性强而逐渐流行起来。

　　织物制成的罩甲本来是骑马仪卫穿用的黄色短衫，明正德年间（1505—1521）以后衣身变长，不仅各军步卒服用，市井小民也模仿制作，用素花棉布裁制的较多，富贵人家有的用绸缎制作，下摆还常加饰丝穗，于是罩甲成为广为流行的"时世装"。清代毛奇龄在《武宗外纪》中说："（正德）时，诸军悉衣黄罩甲，中外化之，虽金绯锦绮亦必加罩甲于上。市井细民无不效其制，号时世装。"此罩甲最突出的特点有两个：一是无袖或短袖；二是对襟。

　　北京故宫博物院所藏明商喜《宣宗出猎图轴》和《明宣宗射猎图》都表现的是明宣宗朱瞻基出游打猎的情景。两图中宣宗所穿服饰基本一致，头戴皮毛制成的鞑帽（亦称狐帽），身穿黄色方领对襟罩甲，不缀甲片、甲钉，衣身饰有云肩膝襕云龙纹样，前襟缀一排圆形小纽扣，罩甲下穿红色交领窄袖长衣。

●《明宣宗射猎图》（北京
　故宫博物院藏）

●《宣宗出猎图轴》（商喜，北京故宫博物
　院藏）

收展自如"鱼鳞裙"

"鱼鳞裙",流行于清代咸丰同治年间。

此裙制作时,将裙料均折成细裥,幅上绣满水纹,行动起来,一折一闪,光泽耀眼。后来在每裥之间以线交叉相连,使之能展能收。褶裥之间,平展开后形似鲤鱼的鳞片,因此得名为"鱼鳞裙"。光绪后期又出现裙上加飘带者,飘带裁成剑状,尖角处缀以金、银、铜铃,行动起来叮当作响。

晚清诗人李静山在《增补都门杂咏》一诗中这样说道:"凤尾如何久不闻?皮绵单袷(jiá)费纷纭。而今无论何时节,都着鱼鳞百褶裙。"从诗句中可以领略到那个时候这种"鱼鳞百褶裙"的流行程度。

●清 穿鱼鳞百褶裙的清代妇女(天津杨柳青年画)

●清 彩绣花卉纹百褶鱼鳞裙(中国丝绸博物馆藏)

颤颤悠悠高跟鞋

　　明代的中国已出现高跟鞋，为明朝时新的女鞋，多为上层妇女所穿，并有内高跟和外高跟之分。明朝时期的女鞋鞋底后部装有 4 ~ 5 厘米高的长圆底跟，以丝绸裱裹。在定陵出土的文物中，皇后的鞋，高跟多于平跟，这说明高跟鞋在当时贵族妇女中已经十分流行，其中一双尖足凤头高跟鞋，制作十分讲究。鞋长 12 厘米，高底长 7 厘米，宽 5 厘米，高 4.5 厘米。

　　目前还没有史料说明高跟鞋在明代流行起来的缘由，但求异爱美之心应该还是最大的动因，尽管有时颤悠悠甚至需忍着痛。

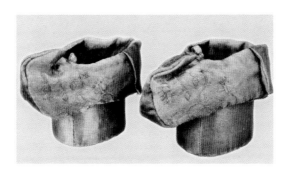

●孝端显皇后高底尖足凤头鞋复制件（北京定陵博物馆藏）

华美富丽的"氅衣"

　　清道光朝以后，流行一种叫作氅（chǎng）衣的长便装。这种长可掩足的罩衣，形体宽大，圆领，大襟右衽，左右大开襟，袖宽而短，并镶接两层至三层不同颜色的衬袖，领襟、裙摆均镶有几道花边，左右腋下开裙上端以花边组成如意纹饰。

　　氅衣在社会上影响很大，开始只是满族妇女穿着，后来各阶层妇女都纷纷仿效，广泛流行。

●清 湖色缎绣菊花纹夹氅衣（领袖衣缘镶滚多道或绣或织的花卉纹绦边）（北京故宫博物院藏）

肩头的时尚"云肩"

云肩是源自古代北方少数民族的肩饰，后被汉人采纳。多以锦类制成，饰在肩背前后左右四周，多用云纹花边，有的还饰以坠线，故称"云肩"。

●清 双层彩绣万代绵延大云肩

云肩在金代及更早的汉唐服饰中已有，至明清时为盛。

最初，清代女子将云肩用在婚礼上。而后，这种起源于日常生活中的小物逐渐发展到被贵族妇女用作装饰，有剪彩做莲花形、结丝线成为璎珞或以珍珠串联并辅以其他贵重珠玉的，形成"肩头的时尚"和身份与财富的象征。

●清 多宝云肩（美国纽约大都会博物馆藏） ●披云肩的明代妇女（明·仇英《六十仕女图》局部）

一袭 "斗篷" 遮风寒

斗篷也叫"一口钟",是无袖、不开衩的长外衣。因为整件长衣服上敛下敞,没有衣袖,形如一口古钟,所以得此名。斗篷的整个形状像一朵莲蓬自肩上而下自然下垂,又似一口大钟将身体紧紧包裹。

清代广为流行。斗篷几乎成了每人必备的时尚百搭服饰,以此来遮风防寒,也为达到修饰美观的目的,男女老少均可穿用。清人曹庭栋《老老恒言》说:"天寒气肃时,出户披之,可御风;静坐亦可披之御寒。"

清朝的一口钟有长短两式;领子有抽口领、高领和低领三种,男女都穿。行礼时须脱去一口钟,否则被视为非礼。女子所穿的一口钟,用鲜艳的绸缎作面料,上绣纹彩。冬天为了御寒还有以裘皮为里子的。

提到斗篷,必须提《红楼梦》中描写的美景:"不是大红猩猩毡就是羽缎羽纱的,十来件大红衣裳,映着大雪好不齐整!"

●清　黄暗花绸折枝牡丹蝶纹斗篷（北京故宫博物院藏）

妆饰篇

发式 妆容

Fashi Zhuangrong

巧夺天工"灵蛇髻"

　　据传甄氏曾在宫中发明了美妙的灵蛇髻。《采兰杂志》记载说，当时宫廷有一条绿蛇，每天甄氏梳妆，绿蛇就盘结窗前，每天一个样式，甄氏效仿为髻，称为灵蛇髻。故事虽荒诞，但灵蛇髻却确实流行于魏晋女性中。晋代大画家顾恺之《洛神赋图》中的洛神就是梳着灵蛇髻，这是甄氏生前常梳的发型。顾恺之在画中展示了曹植爱恋甄氏的故事传说，从曹植及其随从在洛川见到洛神始，一直画到洛神离去，交织着哀怨、惆怅与欢乐的情感，表现了人神异路，既难以割舍，又无法实现的悲情。

● 《洛神赋图》(局部)

慵懒可爱"堕马髻"

堕马髻，也叫"坠马髻"，古代汉族妇女的发髻式样。因将发髻置于一侧，呈似堕非堕之状，故名。据说是东汉权臣梁冀的妻子孙寿发明的。

堕马髻是中国魏晋时期曾流行的一种汉族妇女发型。在唐天宝年间，又开始出现，到贞元时，重为妇女梳作而流行，宋代堕马髻仍十分流行，如侯寘《菩萨蛮》词说："绿窗初睡去起，堕马慵梳髻。斜插紫鸾钗，香从鬓底来。"

《唐人宫乐图》中的女子所梳，就是挽一个高髻，然后垂向一边，再加上小梳和珠饰，显得慵懒可爱。

●唐 《宫乐图》(台北"故宫博物院"藏)

大气灵动 "飞天髻"

　　"飞天髻"又叫"飞天纷",是一种三环高髻。

　　在南北朝时,由于受佛教的影响,人们追求一种飞天的感觉,妇女多在发顶正中分成髻鬟,做成上竖的环式,在发髻上再加饰步摇簪、花钿、钗镊子,或插以鲜花等,谓之"飞天髻"。先在宫中流行,后在民间普及。后一直流行于宋、明各朝。

　　下图为梳环髻或丫髻的妇女。

●飞天髻(河南邓州市出土,南北朝彩色画像砖)

高耸入云"单刀髻"

单刀半翻髻是古代女子发髻中高髻的一种，高耸入云的发髻一侧弯曲呈一定幅度，在顶端位置又微微向前向下弯曲，发髻整体造型正好像一把大刀，所以被称为单刀半翻髻。

●唐 泥塑彩绘女俑头像。女俑发髻高挽，成单刀半翻髻，髻上以白色圆点组成宝相花装饰

单刀半翻髻是中国唐朝前期盛行的一种女子发式，在现存的各种出土陶俑、陵墓壁画中经常可以看到贵族女子梳此发髻。这种发髻盛唐时开始在宫中流行，后传于贵族和民间妇女中，是盛唐极为时髦的发式。唐《髻鬟品》"高祖宫中有半翻髻"；《妆台记》"唐武德中梳半翻髻"。在初唐大量陶俑壁画中都有体现，新疆也曾出土过同样造型的假髻，直到盛唐还可以看到不少类似发型样式。那么，这么高大的发髻是怎么梳出来的呢？其实在古代并非所有的发髻都是在原生头发上梳上去的，古人也比较追求时尚，有些发髻是假发（义髻），"单刀半翻髻"就属于假髻的一种。

这种发髻在细节上又可以分为很多款式。相对于单刀来说，还有个发髻就叫双刀。

独特庄重"十字髻"

　　十字髻，因其发型呈十字形而得名。其梳理顺序是先于头顶正中将发盘成一个十字形的髻，再将余发在头的两侧各盘成环形，下垂至肩，上用簪梳固定。此发式独特而庄重，盛行于魏晋南北朝时期的贵族妇女之中。西安草厂坡出土的北魏彩绘陶俑中，就有极为形象生动的记载。

●北魏 拱手女陶俑（中国国
　家博物馆藏）

俏皮巍峨 "抛家髻"

　　抛家髻，古代汉族妇女的一种发式。唐末京师妇女梳发，以两鬓抱面，脸周围遍布了头发，状如椎髻，名曰 "抛家髻"。亦称 "鬅鬓（péng bìn）" "凤头"。这种两鬓抱面的髻式，是唐代后期较为流行的一种发式。"抛家髻" 其梳编法是在头顶挽椎成髻，两鬓缓长，以泽胶贴而抱面。

　　这种发髻的特点，以两鬓靠面，头顶再加一椎髻，三个或一个高耸起来的 "朵（duǒ）子"，向一端倾斜呈抛状。

●梳 "抛家髻"，穿襦裙的妇女（陕西西安东郊出土陶俑）

●《虢国夫人游春图》（张萱，辽宁省博物馆藏）。虢国夫人是唐玄宗时杨贵妃的姐姐。画中妇女分别梳高髻、抛家髻，着襦裙装、帔帛或男装

展翅欲飞 "惊鹄髻"

下图展示的这种发髻叫"惊鹄髻",将头发编成两个羽翼,做惊鸟展翅欲飞的样子,这种发式在南北朝时期就已经出现。

●惊鹄髻(唐代彩绘舞蹈女泥俑,
1973年新疆吐鲁番市阿斯塔那
206号墓出土)

飘飘"长鬓"美姿态

魏晋时妇女比较注重鬓发的梳理，一改汉代的简洁利索，衍生出长鬓、蝉鬓、阔鬓等，《女史箴图》中出现的"长鬓"较多。长长的鬓发走动时随风飘飘，有一种神仙仪态的感觉。自魏晋偏爱理鬓的习惯养成之后，后世也把这块"区域"打理起来，一直到了民国，女性梳完发头之后，也不忘在鬓发处抹上发油。

●长鬓

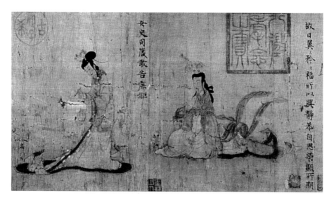

●女史长鬓发（顾恺之《女史箴图》局部，大英博物馆藏）

五色彩缯绕"双蟠"

"双蟠髻"又名"龙蕊髻",这种发式的特点是将头发在头顶分成两大股,有些像压扁的鬟髻,用彩色的缯(zēng,古代对丝织品的总称)捆扎,髻心很大。上面再用花钿、珠饰点缀。这种发髻,就像是龙蟠凤飞一般,自有一种飘逸之态。

宋时有此髻名,苏轼词有"绀绾双蟠髻"之句。宋人《半闲秋兴图》中有双蟠髻形象。

●双蟠髻(宋《半闲秋兴图》)

"高冠长梳"宋风行

宋代城市经济发达，都市经济的繁荣使得奢靡之风盛行，反映在妇女的发式上则表现为大都会的妇女特别喜爱高冠大髻大梳上。

宋代，妇女插梳装饰竟到了如痴如醉的地步，梳子形状越来越大，而插戴数量却越来越少。当时最为独特的是"冠梳"，所谓"冠梳"，是高冠长梳的简称，当时头戴高冠再插大梳是一种风尚。多以白角为冠，再加上白角梳，冠长至三尺，梳边长至一尺。由于梳子本身较长，加以两侧簪花，上轿进门只能侧身而入。这种蔚然成风的奇异装饰引起了朝廷的关注，下令禁止，却屡屡不绝。宋仁宗时期，曾下诏禁止以白角为冠，冠广不得过一尺，梳长不得过四寸，借以抑制奢侈之风。

● "冠梳"妇女（宋《娘子张氏图》）

●插白梳的宋代女子（《女孝经图》局部，台北"故宫博物院"藏）

蓬松高大"牡丹头"

牡丹头：高髻的一种，苏州流行此式，后逐渐传到北方。尤侗诗："闻说江南高一尺，六宫争学牡丹头。"这里说明，牡丹头最早是南方的流行。

该头式流行的时代是明末清初，清李渔《风筝误·艰配》："小姐梳完了，这是近来新兴的牡丹头，好看，好看。"

清初董含在《三冈识略》中记称："余为诸生时，见妇人梳发高三寸许，号为新鲜。年来渐高至六七寸，蓬松光润，谓之牡丹头，皆用假发衬垫，其重至不可举首。"

"其重至不可举首"，形容其发式高大。其实际高度约七寸，鬓蓬松而髻光润，髻后施双绺发尾。此种发式，一般均充假发加以衬垫。

●清 《豪家佚乐图》(局部)(杨晋，南京博物院藏)，图中女眷鬓发高耸

寿阳公主 "梅花妆"

"梅花妆"又称"落梅妆",乃古妇女之妆饰;指女子在额上贴一梅花形的花子妆饰。

传说南朝宋武帝的女儿寿阳公主,正月初七日仰卧于含章殿下,结果居然有一朵梅花落下,恰好不偏不倚正落在公主额上。待公主醒来,却发现这朵落花居然贴在了自己的额头,且久洗不掉,直到三天之后才被洗掉。奇迹轰动了整个皇宫,妃嫔宫女们都觉得眉心有梅花影迹的公主实在美丽,于是纷纷用绢罗剪成小花片贴在各自的额头上,由此形成了"梅花妆"。

这种妆容从南北朝时期开始盛行。这种装扮传到民间,成为民间女子、官宦小姐及歌伎舞女们争相效仿的时尚妆容,一直到唐五代都非常流行。五代前蜀时期诗人牛峤在《红蔷薇》中有描述:"若缀寿阳公主额,六宫争肯学梅妆。"

台北"故宫博物院"藏有一幅《梅花仕女图》,这幅画巧妙地采用了"梅花妆传说":在傲寒的梅枝下,一位年轻女子亭亭独立,一手持镜照向自己的面容,另一手的食指点向她额间的一朵五瓣梅花的花影。

"梅花妆"后来在颜色、形状、材料等元素上均有所发展。

● "梅花妆"(《梅花仕女图》,
台北"故宫博物院"藏)

吉祥智慧"额黄妆"

佛教产生于古代印度，在西汉末年传入中国。到魏晋南北朝之后，佛教成了中国的主要宗教。佛教对中国文化影响深远，如对器物造型及装饰的影响、对建筑的影响，与此同时，佛教也渗透到服饰文化中。

额黄妆是在佛教艺术影响下诞生的一种古代妇女妆饰，产生于南北朝时期。当时全国大兴寺院，塑佛身、开石窟蔚然成风。妇女们从涂金的佛像上受到启发，也将自己的额头染成黄色，久之便形成了染额黄的风习。南朝梁简文帝萧纲《美女篇》云："约黄能效月，裁金巧作星。"就是指额黄。

到唐朝时额黄更加盛行。在李商隐《酬崔八早梅有赠兼示之作》诗中有描绘："何处拂胸资蝶粉，几时涂额藉蜂黄。"李商隐在《蝶三首》还写道："寿阳公主嫁时妆，八字宫眉捧额黄。"牛峤《女冠子》也有"额黄侵腻发，臂钏透红纱"的写法。

到宋代额黄还在流行。

据文献记载，妇女额部涂黄主要有两种方法，一种为染画，一种为黏贴。

按照印度的习俗和宗教理念，在额头上点红、贴花，是智慧的象征、寓意吉祥。

●唐 坐女俑（着低胸高腰襦裙，梳半翻髻，饰额黄妆的女子）

唐代时尚"桃花妆"

　　唐朝对女性的审美是朝向"大""多"的角度去欣赏，所以基本上唐朝妇女红妆的目的都朝此方向迈进。

　　女性红妆，很早就有，历代诗文中就有不少的描写，如大家耳熟的《木兰诗》当中就有一句："阿姊闻妹来，当户理红妆。"唐代妇女所做的"红妆"就是把胭脂抹在脸上的程度与范围扩大与夸张化，胭脂多集中在两颊上使得两颊多呈红色，这种装饰即为"桃花妆"，多被年轻的女子所采用。

●唐　人物图（1972 年新疆吐鲁番市阿斯
塔那 187 号墓出土）

长庆怪异 "血晕妆"

唐穆宗长庆年间（821—824），又出现了更加怪异的 "血晕妆"。将眉毛剃去，再在眼上下划几道血痕一般的横道。《唐语林·卷六》："长庆中，京城妇人去眉，以丹紫三四横，约于目上下，谓之血晕妆。" 这种妆面，至少一直流行到了唐文宗前期（826—832），在河南安阳发现的唐文宗太和三年（829）墓壁画中，可以看到，里面描绘的女性几乎全部都做如此打扮，与记载丝毫不差。展示出了唐代女子的大胆和标新立异。

●河南安阳的唐代赵逸公墓壁画
中女子的眉毛画成八字，两腮
上有两道红色

风流婉转"桂叶眉"

盛唐之末，妇人开始流行短阔眉型，因其眉型丰厚，黛色宜人似新生之桂叶，所以称"桂叶眉"。

桂叶眉，用黛色淡散晕染，将眉毛画得短而阔，略成八字形。

这是晚唐时期比较有代表性的眉形，特点是浓而阔，元稹诗云"莫画长眉画短眉"，李贺诗中也说"新桂如蛾眉"。

周昉的《簪花仕女图》中女子的桂叶眉，就是当时短阔之眉，眉如彩蝶翩跹，别有一番风流婉转。

●唐 《簪花仕女图》局部（周昉，辽宁省博物馆藏）

一抹浓红傍靥斜

"斜红"别名"晓霞妆"。是面颊上的一种妆饰，梳妆时，用胭脂或红色颜料，在女子眼角两旁精心勾勒两道弯曲的痕迹，模仿即将消散的朝霞。

●饰斜红的唐代妇女

其由来，源于三国时期。相传三国时，魏文帝曹丕宫中新添了一名宫女，叫薛夜来，文帝对她十分宠爱。一天夜里，文帝在灯下读书，四周围有水晶制成的屏风。薛夜来走近文帝，不觉一头撞上屏风，顿时鲜血直流，伤处如朝霞将散，愈后仍留下两道疤痕，但文帝对她宠爱如昔。其他宫女有见及此，也模仿起薛夜来的样子，用胭脂在脸部画上这种血痕，名"晓霞妆"。时间一长，便演变成一种特殊的妆式——斜红。

到唐代，此妆发扬光大。唐代妇女脸上的斜红，一般都描绘在太阳穴部位，工整者形如弦月，繁杂者状似伤痕，为了造成残破之感，有的还被故意描绘成残破状，远远看去，宛如白净的脸上平添了两道伤疤。

唐朝诗人罗虬的《比红儿诗》中有"一抹浓红傍靥斜，妆成不语独攀花"的描写。

花钿花子眉间俏

花钿，是指一种饰于额头眉间的额饰，是将各种花样贴在眉心的一种装饰，红色居多。最为简单的花钿只是一个小小的圆点，颇似印度妇女的吉祥痣。复杂的则以金箔片、黑光纸、鱼鳃骨、螺钿壳及云母片等材料剪制成各种花朵之状，其具体形象在西安等地唐墓出土的陶俑上反映得较为清楚。除梅花形之外，花钿还有各种繁复多变的图案。

唐代的花钿传到宋代便叫作"花子"，这就是在额上和两颊间贴上金帛或彩纸剪成的纹样。花子的背面涂有产于辽水地区的呵胶，用口呵嘘便可以随意黏贴。

花钿在明代又叫作"眉间俏"，明代顾起元在《客座赘语·女饰》中说："以小花贴于两眉间，曰眉间俏，古谓之花子。"

●唐 舞女（新疆吐鲁番出土唐朝绢画）

绵长隽永一缕香

古人对香的喜爱是深入骨髓的，不仅在女性的化妆品中普遍添加香料，他们还做出可以佩戴的香物，如香囊，佩在身边既可散发香气、驱虫除秽，又可作为饰物。除了芳香自身外，古人还崇尚熏香，即将香置于衣下或被中，去异味而使之芳洁的一种方式。其香钻入衣被，可历经数日而不散。

●西汉 绮地"信期绣"香囊（湖南长沙马王堆一号墓出土）

中国古代在室内熏香的习俗最迟在战国时期就已经出现，熏香在贵族和文人的生活当中应用得比较广泛，在唐朝社会中无论男女，都讲求名香熏衣，香汤沐浴，使用香料风气的兴盛便可知。宋朝以后开始普及到民间。

●明 《斜倚熏笼图》（陈洪绶），反映了古代上层社会衣褥熏香的习俗

清代女诗人席佩兰《长真阁集》中的《寿简斋先生》，诗句有："绿衣捧砚催题卷，红袖添香伴读书。"这是中国古代读书人心目中的理想境界，是一种很美的意象。

那一缕香，自然、清淡、绵长隽永。

佩饰 随件
Peishi Suijian

容刀、佩剑备仪容

战国时期的冶铜业比较兴旺，可以制作男人身上悬挂的铜刀；工艺也属上乘，如一种25厘米长的小弯刀，刀背上雕刻有各式花纹，当时广为人们喜爱和佩带，名为"容刀"。这时的挂刀，已不完全为实用，很大程度上装饰取代了实用，是当时的服外佩饰之一。

"容刀"不是一种用以自卫的刀，而是一种为了表仪容的刀。《释名》说它是"有刀形而无刃，备仪容也"。

春秋战国时各国都有佩剑的风俗习惯。

寓言故事《刻舟求剑》说：楚国有个渡江的人，他的剑从船上掉进了水里。急忙在船沿上刻上一个记号，说："这儿是我的剑掉下去的地方。"船靠岸后，这个人顺着船沿上刻的记号下水去找剑。这则寓言讽喻拘泥固执之人，也从侧面说明佩剑已成为习俗。

●湖北随州曾侯乙墓出土，这是一把十分考究的玉剑，剑分5节，各节用金属物连接，不能活动折卷，无刃，明显不是一件实用品，当是一件表仪容的"容刀"

●曾侯乙墓钟架上的铜人佩挂剑

古朴精致战国带钩

带钩是古代扣接腰带的用具，只要把带钩钩住革带另一端的环或孔眼，就能钩系住革带，使用起来非常方便，而且美观，由于它比革带的扎结方式更加便捷，因而很快就流行起来。

●战国 错金银铜带钩

文献记载了这样一个故事：春秋时齐国管仲追赶齐桓公，拔箭向齐桓公射去，正好射中齐桓公的带钩，齐桓公装死躲过了这场灾难。成为齐国的国君后，他知道管仲有才能，不记前仇，重用管仲，终于完成霸业。

●北京定陵出土的明神宗龙头形带钩

带钩始于春秋，流行于战国至汉，到魏晋时为带镰所取代。

战国秦汉时期，带钩的使用非常普遍，形制也日趋精巧，有竹节形、琵琶形、棒形、鱼鸟形、兽形等，其材质包括金、银、铜、铁、玉、玛瑙各类。带钩既是服饰又有装饰意义，因此贵族们所用带钩的工艺特别考究，有些铜、铁带钩是用包金、鎏金、错金银、嵌玉、嵌琉璃或绿松石等方法加工的，品种繁多，制作大多精致轻巧。

后世同样以为时尚，大号带钩乃是清乾隆末年、嘉庆初年兴起的风气，到了道光时期也依然畅行不衰。

●清 翠玉螭纹带钩（台北"故宫博物院"藏）

定情之物"金臂钏"

金臂钏，也叫作缠臂金，指妇女臂钏之类的臂饰，不包括手镯之类的腕饰，而且仅限于金制的臂钏。

臂钏本为"西国之俗风"，是从西边传来的，具有浓郁的少数民族风情，而中原女子原是不大露出胳膊，不兴这种妆饰的。大约在汉代，受西域文化的影响，佩戴臂钏之风开始出现。可能在魏晋时期，出现了臂钏之名。隋唐以后，女子佩戴臂钏已很普遍。唐代妇女普遍戴钏，敦煌莫高窟壁画所绘乐伎，大多戴有臂钏。周昉的《簪花仕女图》中，也描绘了手戴臂钏的女子形象。金臂钏，分为花钏和素钏两种。金花钏比较繁丽，钏身表面錾刻有花纹，金素钏则是光素无纹的。女子戴上缠臂金后，从各个角度看去，臂上都箍着数道互不关联的金环，齐整有致，更衬得肤光若玉，分外美丽。

金臂钏，在古典诗词中，也有称作"约臂金""金约臂""金约"等名的。

缠臂金作为定情之物，是古代男子送给心爱女子的信物之一。汉末繁钦的《定情诗》中就提到"何以致拳拳？绾臂双金环"，臂钏具有为女子容色增辉的效果，一般讲究成双佩戴。如果爱一个女孩，就为她戴上一双缠臂金以示永盟之好。

它也是宋人聘礼所谓"三金"之一，据《梦梁录》卷二十："且论聘礼，富家当备三金送之，则金钏、金鋜、金帔坠是也。"现在有些地方订婚彩礼讲究"三金"或"四金"具有同样的礼俗意义。

由于缠臂金多戴在上臂，是古代女子的贴身饰物，出于私密，只有情郎和夫君才能得见。

缠臂金在一千多年的时间里一直作为女性的爱物流传，随着礼教日渐深入，女性连无意中露出手腕来都被认为是失礼，何况是手臂呢？作为臂饰的臂钏，只能隐藏在越来越长的袖子里，失去了最初的装饰功能。所以大约从明代晚期后，臂钏就淡出了女性扮美的舞台。

●明 牡丹莲纹金钏（江苏南京出土）浅刻牡丹、夏莲、秋菊、冬梅等四季花卉。金钏盘成七圈，用金丝相连还能调节松紧

五光十色"明月珰"

耳珰（dāng）是戴在耳垂上的饰物，相当于耳坠、耳钉、耳环之类。戴耳珰的习俗，起源于少数民族地区。到了汉代，戴耳珰已经风靡全国了，珰成了当时妇女常见的一种耳饰。

耳珰的材质有金、玉、银、玻璃、骨、象牙、玛瑙、琥珀、水晶、大理石等，其中玻璃耳珰在当时最为普遍。古代人们称玻璃为"琉璃"，《汉书·西域传》注："琉璃色泽光润，逾于众玉。"五光十色的玻璃，比玉还要光亮美观。因此两汉南北朝文学作品中，多次提到明月珰，就是玻璃耳珰，如《孔雀东南飞》的刘兰芝："腰若流纨素，耳著明月珰。"晋傅玄《有女篇·艳歌行》有"头安金步摇，耳系明月珰"，无名氏《陌上桑》有"头上倭堕髻，耳中明月珠"，繁钦《定情诗》："何以致区区，耳中双明珠。"

玻璃耳珰，主要有无孔珰和有孔珰两种。这两类耳饰体积一般不大，长度在 2～3 厘米，小端直径一般不超过 1 厘米。

"无孔珰"两端大，中腰细。一端呈圆锥形，另一端呈鼓起的圆珠状。戴的时候，以圆锥状细端插入人耳垂的穿孔中。这种玻璃耳珰戴上以后，从正面看去，只能见到露出在耳垂前面的圆珠，所以当时人们称它为"圆珰"。

"有孔珰"中有纵贯的穿孔，用以穿线系坠饰，坠饰多为玻璃珠、玑、小铃之类。玻璃耳珰大多数为蓝色和深蓝色，其次为绿色、墨绿色、蓝紫色、黑色、浅绿色和白色，多数透明，也有半透明的。

汉代皇后、嫔妃和公主戴耳饰时，也可以不穿耳，而是将有穿孔的珥珰，用绳系饰悬于耳旁，叫作"悬珥"。将悬珥系于发簪之首，插簪于发髻，悬于耳际，叫"簪珥"。这是一种象征性的耳饰，其用意和古代帝王冕冠上的"充耳"一样，是提醒不要妄听闲言。汉代文献记载皇妃、公主的耳饰时，常常是"簪珥"连称。

●汉 琉璃耳珰

耳珰在进入唐代后，少有提及。

●东汉 红色玛瑙耳珰
（广西壮族自治区博物
馆藏）

风雅点缀美"香囊"

香囊，是专门盛装香料的小口袋，造形各异，大小不等，可用丝绳系挂在身上作为装饰，或者悬于室内净化空气，辟恶除臭，具有实用和美观的双重功能。佩戴香囊，在晋代就已很常见了。《晋书·谢安传》载，东晋名相谢安的侄子谢玄年少时喜欢佩戴紫罗香囊，谢安很讨厌，但又不想为此伤了侄儿的自尊，于是设计与谢玄打赌，将他的香囊赢了过来烧毁，谢玄此后遂不再佩戴香囊。可见在当时，佩戴香囊是很时髦的事情，世族子弟随身携带，既可作为气派点缀，又可内置芬芳酷烈的名香，增添风雅之气。

这种习尚，到了唐代进一步发展。唐代陆龟蒙的《采药赋》曰："南国佳人，佩生香辟恶。"胡杲的《七老会诗》也有"香囊高挂任氤氲"。唐代的男女老少，都把香囊作为日常装饰，而且根据不同的时节置换香料，如春季盛苍术，端午盛雄黄，炎暑盛薄荷，秋冬盛檀香。

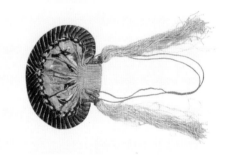

●清 白缎地彩绣团寿香囊（中国丝绸博物馆藏）

清以后，香囊名"香包""荷包"。荷包虽说历史很长，但却兴盛在清代，荷包的使用到了空前的地步。

清宫中设有专门制作荷包的机构，宫女们每年都要缝制、刺绣大量的荷包，以备皇帝、后妃们行赏之用。皇帝每至年节，要依例赏以荷包。乾隆二十五年（1760）正月初六，总管太监桂之要去各色缎小荷包二百九十六个，

●金累丝镶珠石香囊（北京故宫博物院藏）

由乾隆帝赏赐给蒙古王贝勒、贝子、喇嘛等人，每人小荷包两个。宫廷习俗影响着民间的风气，富家子弟、平民百姓都喜欢在腰间挂荷包，使得清代佩戴荷包达到了顶峰。

袅袅婷婷醉"步摇"

步摇始见于汉代，最早属来源于汉代礼制首饰(带有悬垂装饰物的帽子)，其形制与质地都是等级与身份的象征。最初只流行于宫廷与贵族之中，汉代以后，步摇才逐渐被民间百姓所见，才有机会在社会上广为流传。

步摇的一般形式为在簪钗上装饰一个可以活动的花枝状饰物，花枝又垂以琼玉，或垂有流苏或坠子，走路的时候，金饰会随走路的摆动而动，栩栩如生。因在走动之时，簪钗上的珠玉会自然摇曳，遂得名"步摇"。《释名·释首饰》："步摇，上有垂珠，步则动摇也。"戴步摇者行动要从容不迫，以使垂珠伴随身上的玉佩发出富有节奏的声响，

簪插步摇者多为身份高贵之妇女，因步摇所用材质高贵，制作精美，造形漂亮，故而非一般妇女所能使用。

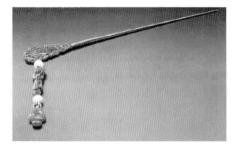 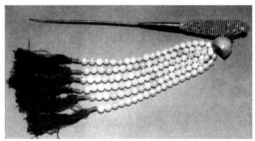

●清 翠玉珊瑚持芝婴步摇（台北"故宫博物院"藏） ●清 珊瑚珠玉步摇（台北"故宫博物院"藏）

琳琅满目"蹀躞带"

蹀躞（dié xiè）是一种附有钩子的小带子，用来悬挂物品。有蹀躞的腰带叫作蹀躞带。

蹀躞带原为北方游牧民族的装饰，为适应马上需要，通过带子把常用生活物品都系在腰间。这种北方民族所特有的生活方式，大约在两晋南北朝时期传入中原，也为汉族人民所接受。尤其是一些武士，更喜欢做这种装束。

这种腰带在魏晋南北朝后流行起来，服用最盛是在唐代。

到了唐代，曾一度定为文武官员必佩之物，上面悬挂算袋、刀子等七件物品，俗称"蹀躞七事"，可谓琳琅满目。唐开元以后，朝廷有新的规定，一般官吏不再佩挂。但在民间，特别是在妇女中间，却更为流行，只是省去了原来的"七事"，改成了狭窄的皮条，仅存装饰意义。

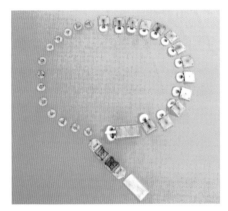

●隋炀帝墓十三环蹀躞带（2013年江苏扬州出土）

●唐 《观鸟捕蝉图》（陕西省博物馆藏）。唐代女孩子扮酷也会有蹀躞带，如中间的这位，蹀躞上挂着一个圆囊（用来盛物）

遮面之巾神秘"幂罗"

古代妇女在外出时常常戴帽用以挡风避寒、蔽面。唐代时期流行的幂罗就是一种遮面之巾。幂罗通常以黑色沙罗为之，戴时覆于顶，下垂于背，在近脸面处开有小孔，以便露出眼鼻。这种幂罗早在南北朝就已出现，不仅妇女可用，男子也可以用之，多见于西域地区。幂罗自从北朝后传入中原，成为妇女出行之服。到了唐代，幂罗已成为妇女专用之服。新疆吐鲁番阿斯塔那唐墓中出土的《树下人物图》绢画中所画一人，穿大红团领横襴衫，左手高抬，正在脱卸头上的面幕，这种面幕以黑色织物制成，长不过腰，下缀飘带，上开圆孔。圆孔中露出眼鼻，其余部分全被遮盖，这种样式的面幕应该说就是幂罗的原形。唐高宗时，汉族对幂罗加以改造，创造了一种只能遮掩面部的帷帽。《新唐书·五行志》称："永徽后，乃用帷帽，施裙及颈，颇为浅露。至神龙末，幂罗始绝。"

● 唐 《树下人物图》（日本东京国立博物馆藏）

标新立异"透额罗"

"透额罗"是一种专用于裹发的轻罗，由于纱罗轻薄透明，连额头肌肤也遮不住，故名"透额罗"！

"透额罗"是唐代有名的额饰品。它由轻软透明的纱罗制成，覆盖前额后，再向脑后扎去，前额覆盖的下缘至近眉处，然后枕高髻以便将脑后部分的罗巾遮去。

据传唐朝开元天宝年间，唐明皇李隆基为了标新立异，有意突破旧习，指令宫女以"透额罗"罩头，也就是妇女在唐初的帷帽上再盖一块薄纱遮住面额，作为一种装饰物。

唐朝最好的裹发轻罗产于常州，曾经名噪一时，有大诗人元稹作诗为证："新妆巧样画双蛾，漫裹常州透额罗。"

透额罗虽然只流行于盛唐，但宋朝的"遮眉勒"、明清的"抹额"都源于此，包括古代女子大婚的红盖头，也由此而来。

●唐 敦煌壁画

唐代时尚满头小梳

　　唐中后期妇女中还盛行插梳篦，以精致美观的小花梳饰于发上。白居易《琵琶行》有"钿头云篦击节碎"的句子。温庭筠《鸿胪素四十韵》有"艳带画银络，宝梳金钿筐"；花蕊夫人《宫词》说"斜插银篦慢裹头"。毛熙震《浣溪沙》词："慵整落钗金翡翠，象梳欹鬓月生云。"王建《宫词》中也有"舞处春风吹落地，归来别赐一头梳"的吟诵。元稹《恨妆成》中有"满头行小梳，当面施圆靥"的诗句。可知梳有大小之别，小梳有时可插二三个。

●敦煌榆林窟西夏壁画女供养人像头部及所插梳子

张扬个性飘摇帷帽

帷帽是唐代流行的一种帽饰，一般认为是在幂罗的基础上改造而来，在帽檐上加缀一圈长及颈部的纱网来遮住面部，主要是为了防止风沙和路人的窥视。

唐朝中期，特别是武则天统治时期，社会风气日益开放，封建礼法在服饰上的约束受到冲击，帷帽更能张扬女性个性，传入中原后，深受中原妇女的喜爱，宫中和民间女子都争相效仿。

看看这遮挡美丽面庞的纱帷，是不是还在风中飘摇？

●唐彩绘 骑马戴帷帽仕女泥俑（新疆维吾尔自治区博物馆藏）

●结队骑马出行的帷帽女子（南宋无款《唐明皇幸蜀图》，台北"故宫博物院"藏）

旖旎动人"莲花冠"

"莲花冠",就是在纱、罗制作的头冠周围黏缀绢、罗制作的莲瓣,女性戴着这样的冠子,恰如在头上顶着一朵盛开的莲花。

在唐代中晚期,出现了一个时尚动向,就是原为道士专用的莲花冠,在俗家女性当中也风行起来,几乎人人都以戴这种冠子为时髦。在唐代,最贵重的莲花冠乃是以细细的金丝、银丝编成的。这种冠子一直到宋代都广为流行。在宋代,则以石首鱼的头骨——当时叫作鱼魫(shěn,鱼头骨)——为最受欢迎的头冠材料。这种材料的冠子质地洁白,冠壁隐约透明,于是,当时人们就将这种鱼魫冠美称为"水晶冠子"。

现藏于台北"故宫博物院"的传世宋人画作《花石仕女图》里,其中一名仕女头上所戴的白色冠子就是半透明的,乌黑的发髻就在冠子后面影影绰绰,惹人遐想,在《瑶台步月图》等画作中也有描绘。借着"水晶冠子"的这种透明感,宋代女子们营造出了旖旎动人的风情。

●宋 《花石仕女图》(台北"故宫博物院"藏)

懒梳头戴"鬏髻"

鬏髻（jiū jì）是明代妇女常用的假发髻。它一般是用铁丝编成一个圆框架，在上面编上假发，形成一个高大的假髻。中间是空的，使用时把它罩在头顶的发髻上，用簪子别住就可以了。

鬏髻在元代就有使用。元朝王实甫的杂剧《西厢记》第四本第一折就提到崔莺莺的"鬏髻儿歪"。

清朝开始出现的鬏髻样式有很多，当时的京城有专门制作和销售鬏髻的作坊和店铺。清初的扬州就有蝴蝶、望月、花篮、折项、罗汉、懒梳头、双飞燕、倒枕、八面观音等鬏髻样式。清朝吴敬梓在《儒林外史》中就写到范进之妻胡氏常戴银丝假髻。当时妇女不但在平时会戴黑色的鬏髻，连居丧时也会戴白色的鬏髻。

●明 金丝鬏髻　　　　　●明 银丝鬏髻

●戴鬏髻的妇女（《明宪宗元宵行乐图》局部，中国国家博物馆藏）

狂放洒脱男子簪花

女子头簪时令鲜花，作为习俗早在汉代就已经出现。汉代以后，簪花之俗在妇女中历久不衰。季节不同，所簪花自然不同。一般情况，春天多簪牡丹、芍药，夏天多簪石榴、茉莉，秋天多簪菊花、秋葵等。

不光女子，古代男子也有簪戴鲜花的风俗。唐朝已有男子簪花的现象，王维诗《九月九日忆山东兄弟》："独在异乡为异客，每逢佳节倍思亲。遥知兄弟登高处，遍插茱萸少一人。"王维在诗中遥想兄弟们头戴茱萸登高时，一定会发现少了自己这个亲人，含蓄地表达兄弟间互通互感的温馨亲情。

男子簪花到了宋朝更日益普遍。

《水浒传》中有不少男子簪花的描写：阮小五出场"斜戴着一顶破头巾，鬓边插朵石榴花"，杨雄"鬓边爱插翠芙蓉"，燕青则"腰间斜插名人扇，鬓边常簪四季花"。

簪花除了有审美之外，还有避邪的象征意义，在一些传统节日，有簪花的习俗，如重阳节"簪茱萸、插菊花"，古人认为戴上茉莉花能驱鬼，戴上菊花能长寿。

●晚清 《簪花图》（钟慧安，台北"故宫博物院"藏），
描述北宋科学家沈括的《梦溪笔谈》四相簪花的故事

额上风情明代头箍

头箍（gū），又名"额帕"、额带、发箍、眉勒等，明代无论老妇、少女都非常盛行戴头箍。《醒世姻缘传》第九回："这是一包子戴不着的首饰——两副镯子合两顶珍珠头箍，合这双金排环。"

●清 藕荷色绸地贴花眉勒（中国丝绸博物馆藏）

起初女子用额帕，以综丝制成，结成网状，罩住头发，后来采用布帛，冬季为乌绫，夏季则用乌纱。

头箍的形式变化多样，最初流行宽的，后来又崇尚窄的，还有在两侧多裁出两个护耳的款式。式样由宽变窄，最后只留下一个窄条，束在额前，变成纯粹的女性饰品。富贵权豪势要之家的妇女在戴头箍和乌兜时，常点缀金玉珠宝翡翠等首饰。冬季所用的除上述质料外，更多则采用兽皮，考究者用貂鼠、水獭，俗称"貂覆额"，或称"卧兔儿"。

●清 《雍亲王题书堂深居图屏》之倚门观竹（局部）（北京故宫博物院藏）

头箍又有不同的种类，主要是根据其造型和装饰分类。比较贵重的是缀有金、玉的头箍，如《天水冰山录》"头箍围髻"一项有"金厢珠宝头箍、金厢珠玉头箍"等。

活灵活现"草虫簪"

明代流行草虫簪，即簪首多做成昆虫等小动物的样子，用花草、树叶做衬托，造型有蝉、螳螂、蝴蝶、蟾蜍、蜘蛛、螃蟹、蜻蜓等，草虫簪款式较多，大小不一，既可为单件，也能成对。形象逼真，摇曳颤动，极具动感。

在明代首饰中，草虫簪的出镜率很高，无论是男性金冠上的蚱蜢啄针，还是女性头面上的螳螂捕蝉，都可见到草虫簪的身影。

下图展现的是一支明代金簪，被称作"嵌宝石蜘蛛形金簪"，1987年南京中华门外邓府山出土。簪首做蜘蛛形，蜘蛛的首与腹以镶嵌的红、蓝宝石做成，再用金丝弯曲而成蛛爪和双眼，形态逼真。首饰制成虫形，不仅能增添一丝生气，还蕴含着许多与生活相关的寓意。蜘蛛在中国古代民间有吉祥的含义，素有"喜蛛"之称。

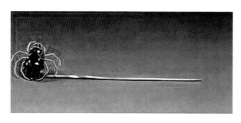

● 明 嵌宝石蜘蛛形金簪（1987年江苏南京出土）

轻便简洁小"丁香"

　　"丁香",又名"耳塞",是一种小型金属耳钉,也可于钉头镶嵌珠玉装饰,流行于明清时期。丁香是一种植物,它的果实很小,呈椭圆形。"丁香"耳钉就是仿照其形状制作而成。清代学者李渔在他的《闲情偶寄》一书中,曾谈及这种耳环:"饰耳之环,愈小愈佳,或珠一粒,或金银一点,此家常佩戴之物,俗名丁香,肖其形也。"

　　丁香不似耳环、耳坠般可以随风晃动,而是固定于耳垂之上,故比较小巧轻便,适于家常佩戴。

　　丁香的质地以金银居多,富贵者嵌有珠玉,贫贱者则以铜锡为之。在明代,这种小巧玲珑的耳环很受妇女欢迎。"丁香"多次在《金瓶梅词话》《醒世姻缘传》当中被提及。《醒世姻缘传》第五十九回:"头上也不消多戴甚么,就只戴一对鬓钗、两对簪子,也不消戴环子,就是家常带的丁香罢。"

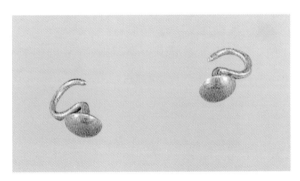

● 明 金丁香（江苏南京出土）

绵延子嗣葫芦耳环

因为葫芦多籽，又因葫芦是道家铁拐李的宝物，喻示多子多孙与长寿，所以在我国，葫芦文化源远流长，内涵丰富。反映了人类对母体的崇拜以及对生殖文化的崇拜等。

从元朝起葫芦开始成为耳饰的题材，明代以葫芦形耳环最为流行，有直接用金银做成葫芦状的，也有将两颗珠子组成葫芦式的，虽题材相同，但款式不一，造型丰富。以材质和制作工艺的不同而争奇斗胜。明朝大贪官严嵩在被抄家后，曾将其家产列清册，取"太阳一出冰山落"语意，名曰《天水冰山录》。当中"耳环耳坠"一项，葫芦型耳环便列出多种，如金珠宝葫芦耳环、金光葫芦耳环、金摺丝葫芦耳环、金累丝葫芦耳环、金葫芦耳环等。

不过，最贵重的却是由人工培植的天然袖珍小葫芦。当时，宫廷中有手艺高明的太监专门负责种育这种奇巧小物，他们利用金银打造出小葫芦造型的立体外模，套在刚刚开始生长的葫芦之外，待秋熟之后，将外模解开。即使如此，能长成理想形状的比例非常低，所以，合格的成品就备受推崇，于是得了生动的名字叫"草里金"。"草里金"往往只有豌豆大小，最大的用场就是串上珠翠，做成耳环，进奉给后妃。

● 明 葫芦形耳环（江苏常熟陆润夫妇墓出土）

摇曳多姿美"耳坠"

耳坠是连属于耳环之下的一种饰物。它的上部即为耳环,下部悬挂着一组坠饰,人在行动之时坠饰可来回摇荡,颇显戴者婀娜摇曳之姿,故名耳坠。因耳坠相对于耳环更显活泼,不如耳环端庄,所以没有耳环正式。宋元明之际,女子耳饰多以耳环为主。

明代中叶兴起的王学及其异端,高举自然人性论旗帜,提出将"理"由道德伦理义改释为自然生理义。晚明开始,秋千般乱晃的耳坠取代了端庄娴静的耳环,是这种社会思潮转变的直接反映。

耳坠真正的大流行是在清代。《红楼梦》第六十五回描写尤三姐"两个坠子却似打秋千一般",将耳坠的妙处描绘得淋漓尽致。

●清 金镶珠翠耳坠(北京故宫博物院藏)

环佩叮当玉"禁步"

禁步,古代的一种饰品。将各种不同形状的玉佩,以彩线穿组合成一串系在腰间,最初用于压住裙摆。佩戴行步之时,发出的声音缓急有度,轻重得当。如果节奏杂乱,会被认为是失礼。腰际佩挂禁步,可约束女子的举止,起着规范仪态的作用,古代女子的行为要求舒缓端庄稳当,有条件的大家庭,甚至安排侍女专门提醒小姐的步态,并负责禁步的完整。从大家闺秀小时候起,就一直跟着小姐。

禁步流行于明清。《清平山堂话本·快嘴李翠莲》:"金银珠翠插满头,宝石禁步身边挂。"

禁步源于先秦时代的组玉佩,以高贵者须行步舒缓而见其尊,故最初的时候本是节步之意。

 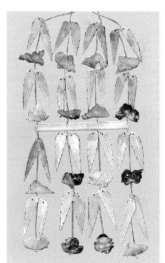

● 明 白玉禁步(北京故宫博物院藏)　● 湖北钟祥市梁庄王墓出土的玉禁步,正式定名为玉叶组佩

闲适清玩儒雅"扇套"

扇套或称扇袋、扇囊，呈扁筒形，底为椭圆形，口略宽，有的上面有盖，系扣子或绳索，无盖的呈如意云头等形状，系丝绦。

明清以来，折扇在文人士大夫中盛行，扇套应运而生，扇套诞生之初作为折扇护具，用于收纳、保护折扇以及便于随身携带折扇，后来则逐渐演变成服装配饰，多以刺绣而制，与精美之成扇配搭，相得益彰，是文人书生的随身物品。扇套既用于盛装扇子，也有装饰的功能。

扇囊为文人抒发雅逸情怀的佩饰之物，出入怀袖，颇为得体。

●清　扇套（南京博物院藏）

参考文献

著作

1. 徐海荣. 中国服饰大典[M]. 北京：华夏出版社，2000.
2. 陈振. 中国通史·第七卷·中古时代·五代辽宋夏金时期（上下册）[M]. 上海：上海人民出版社，1999.
3. 杭海. 妆匣遗珍[M]. 北京：生活·读书·新知三联书店，2014.
4. 吴山，陆原. 中国历代美容·美发·美饰辞典[M]. 福州：福建教育出版社，2013.
5. 陈芳，等. 粉黛罗绮：中国古代女子服饰时尚[M]. 北京：生活·读书·新知三联书店，2015.
6. 苏生文. 西风东渐——衣食住行的近代变迁[M]. 北京：中华书局，2010.
7. 赵连赏. 中国古代服饰图典[M]. 昆明：云南人民出版社，2007.
8. 郭学是，张子康. 中国历代仕女画集[M]. 天津：天津人民美术出版社，1998.
9. 扬之水. 古诗文名物新证[M]. 北京：紫禁城出版社，2004.
10. 李薇. 中国传统服饰图鉴[M]. 北京：东方出版社，2010.
11. 冯盈之. 成语与服饰文化[M]. 上海：东华大学出版社，2014.
12. 冯盈之. 汉字与服饰文化（修订版）[M]. 上海：东华大学出版社，2012.
13. 田自秉，吴淑生，田青. 中国纹样史[M]. 北京：高等教育出版社，2003.

论文

1. 陈宝良. "服妖"与"时世妆"——古代中国服饰的伦理世界与时尚世界（上）（下）[J]. 艺术设计研究，2013（4），2014（1）.
2. 陈宝良. 明代的服饰时尚与审美心理的转变[J]. 艺术设计研究，2012（1）.
3. 范铁明. 孙翀论传统面料在现代服饰设计中应用的意义[J]. 山东纺织经济，2010（8）.
4. 王熹. 明代松江府服饰风尚初探[J]. 中国地方志，2007（2）.
5. 泥一鸣. 明代女子佩戴禁步的形制探微[J]. 艺术品，2014（5）.
6. 巩天峰. 时尚消费与时尚传播的互动效应对晚明造物艺术的影响[J]. 装饰，2013（3）.

7. 王静，徐青青，马冬.中国中古时期织物中的联珠纹[J].科技信息，2009（18）.

8. 吴卫，廖琼.汉代云气纹艺术符号探析[J].美苑，2009（3）.

9. 杨晓霖，杨晓丹.中国古代首饰文化：葫芦耳环[J].中华文化画报，2013（8）.

10. 李玲.中国古代流行色的应用[J].丝绸，2009（3）.

11. 姚春兴.嘉兴竹枝词、棹歌体诗史料价值考述[J].图书馆研究与工作，2009（3）.

12. 周莹.中国古代鞋履风尚变迁史研究[J].丝绸，2012（10）.

13. 冯盈之.中国古代腰带文化略论[J].浙江纺织服装职业技术学院学报，2009（1）.

14. 冯盈之.唐诗里的唐代女性服饰[J].浙江纺织服装职业技术学院学报，2007（1）.

15. 古代女装的时尚元素：棋盘格、垫肩外套、男人装[N].现代快报，2013-05-20.

16. 穿竹衣、绾轻罗……揭秘"老常州"的消夏智慧[N].常州晚报，2015-08-12.

后记

终于准备交稿了。

我们庆幸，申报课题"古代中国服饰时尚"时，后面加了"后缀"——"100 例"，否则，古代中国那么多的服饰时尚现象，怎么看得过来呢？所以，后记领起一个"终于"，只是想说，可选择的内容实在太多，每每有这山望着那山高的感觉，只能狠狠心，交掉！否则真要没完没了了。

只可惜，服装类文物不好保存，有些突出的时尚现象没有实物也没有图片，只好作罢，算是一个缺憾吧。

纵观服饰史，几乎每个年代都有创新，我们的任务就是把这些创新点记录并展示出来，来启迪当代的服饰时尚，希望这个小本子能引起各位服饰文化爱好者的兴趣，甚至激发服饰从业者的灵感。

本书的编著，参考并引用了一些著作、文章的相关内容，包括互联网上的信息以及图片资料，因有的内容相互交错，所以难以一一注明出处，只在书后的参考文献中列出，在此向有关作者表示感谢，如有遗漏，敬请谅解。

本书所选图片多为各大博物馆藏品，还有一些是专家与文物爱好者发在网上的图片，在此一并致谢。

同事胡皓帮忙处理了部分图片，另外，同事茅惠伟、吴颖都给予了各种帮助，也在这里一并感谢。最后，感谢浙江纺织服装职业技术学院与浙江大学出版社的支持。

作　者
2015农历冬月于浙江纺织服装职业技术学院文化研究院